연산의 구멍을 찾아라! 개념연결 영역별 연산의 완성

구구단의 발견

최수일
개념연결 수학교육연구소
지음

Via에듀
ViaEducation

구구단의 발견

지은이 | 최수일, 개념연결 수학교육연구소

초판 1쇄 발행일 2021년 12월 27일
초판 2쇄 발행일 2024년 1월 19일

발행인 | 한상준
편집 | 김민정·강탁준·손지원·최정휴·허영범
삽화 | 홍카툰
디자인 | 조경규·김경희·이우현
마케팅 | 이상민·주영상
관리 | 양은진

발행처 | 비아에듀(ViaEdu Publisher)
출판등록 | 제313-2007-218호(2007년 11월 2일)
주소 | 서울시 마포구 월드컵북로 6길 97(연남동 567-40) 2층
전화 | 02-334-6123 전자우편 | crm@viabook.kr
홈페이지 | viabook.kr

ⓒ 최수일, 개념연결 수학교육연구소, 2021
ISBN 979-11-91019-62-9 64410
ISBN 979-11-91019-61-2 (세트)

구구단은 꼭 암기해야 하나요?

네. 구구단은 앞으로 배울 수학뿐만 아니라 일상생활에서 약방의 감초처럼 사용되므로 꼭 암기해야 합니다. 하지만 "이 일은 이, 이 이는 사, ……"와 같이 운율에 따라 무조건 암기하는 것에는 절대 반대합니다. 개념적으로 이해하는 과정을 거치면 저절로 암기하게 되는 것은 물론, 암기한 것을 평생 잊지 않고 유용하게 사용할 수 있습니다.

개념적으로 이해한다고요?

모든 수학 개념은 절차적인 방식으로 접근하기보다 개념적인 이해를 거쳐야 오래갑니다. 이 책은 문제를 통해서 뛰어 세기와 묶어 세기 등 구구단의 기초 원리를 자연스레 알려 줍니다. 곧 구구단의 원리가 몸에 배면 이를 다양한 방식으로 확장하는 능력을 장착하게 되고, 나아가 구구단이 활용되는 분야를 한꺼번에 경험할 수 있는 응용문제까지 풀고 나면 수학에 자신감이 생길 것입니다.

구구단의 모든 것

앞에서 구구단은 꼭 암기해야 한다고 했습니다. 하지만 무조건 암기하면 다른 수학 개념도 모두 암기하는 잘못된 방식의 수학 공부 습관이 생길 수 있습니다. 실제로 많은 학생이 구구단에서 처음으로 수학에 대한 안 좋은 기억을 갖습니다. 하지만 구구단을 개념과 원리 중심으로 공부하고, 다양한 응용문제를 통해 구구단이 활용되는 분야를 체험해 보면 앞으로 어려운 수학을 만나도 헤쳐 나갈 자신감이 생기고 수학의 가치와 필요성을 절감하게 될 것입니다. 『개념연결 구구단의 발견』을 통해서 구구단으로 펼쳐지는 새로운 수학의 세계를 경험해 보세요.

2021년 12월

최수일

구구단의 발견 구 성 과 특 징

구구단 원리

구구단은 수 세기를 쉽게 하기 위한 곱셈 방법입니다. 무조건 암기하기보다 그 원리가 되는
뛰어 세기와 묶어 세기를 놀이하듯 해결하다 보면 저절로 암기하게 됩니다.

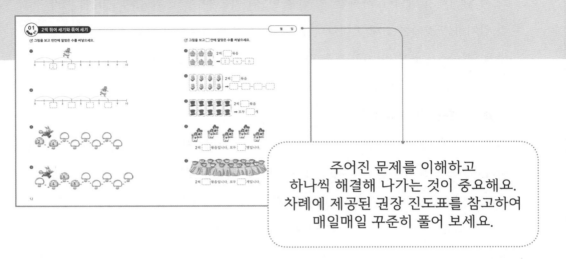

주어진 문제를 이해하고
하나씩 해결해 나가는 것이 중요해요.
차례에 제공된 권장 진도표를 참고하여
매일매일 꾸준히 풀어 보세요.

구구단 확장

원리를 통해 알게 된 구구단을 읽고 쓰고, 곱셈식으로 확장하는 연습을 반복하면
구구단이 저절로 몸에 배게 됩니다. 구구단은 빠른 곱셈 계산을 도와주는 기초적인 곱셈표입니다.

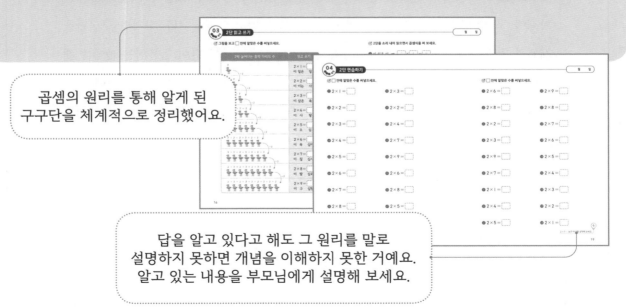

곱셈의 원리를 통해 알게 된
구구단을 체계적으로 정리했어요.

답을 알고 있다고 해도 그 원리를 말로
설명하지 못하면 개념을 이해하지 못한 거예요.
알고 있는 내용을 부모님에게 설명해 보세요.

구구단 활용

'구구단 활용'에서는 원리와 확장을 통해 몸에 밴 구구단을 실전에 활용할 수 있는 능력을
키울 수 있습니다. 기본 연습 문제를 넘어 사고력을 높일 수 있는 다양한 활동을 경험해 보세요.

곱셈의 원리를 알면 구구단보다
더 큰 숫자의 곱셈도 할 수 있어요.

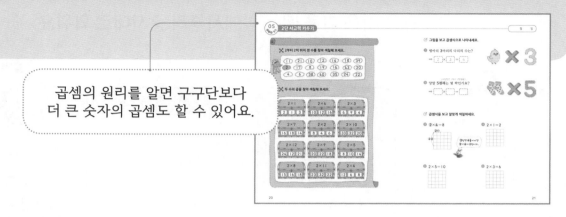

2~5단, 6~9단, 0~10단 실전문제

지금까지 배운 2~5단, 6~9단, 0~10단 실전문제를 순서 없이 다양한 형태로 연습합니다.

처음 보는 문제라도
자유자재로 구구단을 활용할 수
있게 된답니다.

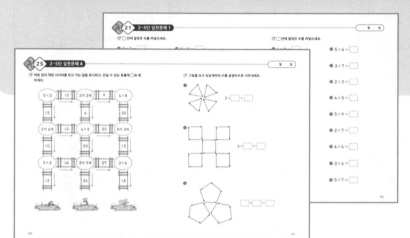

구구단 응용

'구구단 응용'에서는 2~9단, 0단, 1단, 10단
구구단을 기초로 하여 다른 영역의 문제를
해결할 수 있는 능력을 키울 수 있습니다.
앞으로 배우게 될 다른 단원과 개념을
연결할 수 있는 준비 단계가 됩니다.
이로써 구구단을 활용한 어떠한 개념도
쉽게 이해할 수 있습니다.

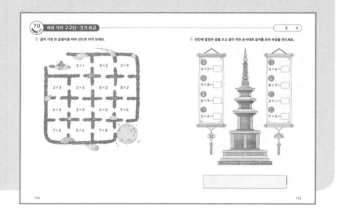

한 눈에 구구단

구구단을 처음 외울 때는 앞에서부터 순서대로 외워요.

2

2×1=2
2×2=4
2×3=6
2×4=8
2×5=10
2×6=12
2×7=14
2×8=16
2×9=18

3

3×1=3
3×2=6
3×3=9
3×4=12
3×5=15
3×6=18
3×7=21
3×8=24
3×9=27

4

4×1=4
4×2=8
4×3=12
4×4=16
4×5=20
4×6=24
4×7=28
4×8=32
4×9=36

5

5×1=5
5×2=10
5×3=15
5×4=20
5×5=25
5×6=30
5×7=35
5×8=40
5×9=45

6

6×1=6
6×2=12
6×3=18
6×4=24
6×5=30
6×6=36
6×7=42
6×8=48
6×9=54

7

7×1=7
7×2=14
7×3=21
7×4=28
7×5=35
7×6=42
7×7=49
7×8=56
7×9=63

8

8×1=8
8×2=16
8×3=24
8×4=32
8×5=40
8×6=48
8×7=56
8×8=64
8×9=72

9

9×1=9
9×2=18
9×3=27
9×4=36
9×5=45
9×6=54
9×7=63
9×8=72
9×9=81

차례

2장 6단~9단, 0단, 1단, 10단 익히기

3장 유형별 구구단 익히기

권장 진도표

30일 진도		15일 진도
01~03	1일 차	01~05
04~05	2일 차	06~10
06~08	3일 차	11~15
09~10	4일 차	16~20
11~13	5일 차	21~25
14~15	6일 차	26~30
16~18	7일 차	31~35
19~20	8일 차	36~40
21~23	9일 차	41~45
24~25	10일 차	46~50
26~28	11일 차	51~57
29~30	12일 차	58~63
31~33	13일 차	64~68
34~35	14일 차	69~73
36~38	15일 차	74
39~40	16일 차	
41~43	17일 차	
44~45	18일 차	
46~48	19일 차	
49~50	20일 차	
51~53	21일 차	
54~55	22일 차	
56~57	23일 차	
58~60	24일 차	
61~63	25일 차	
64~66	26일 차	
67~68	27일 차	
69~70	28일 차	
71~73	29일 차	
74	30일 차	

권장 진도표에 맞춰 공부하고, 공부한 단계에 표시하세요.

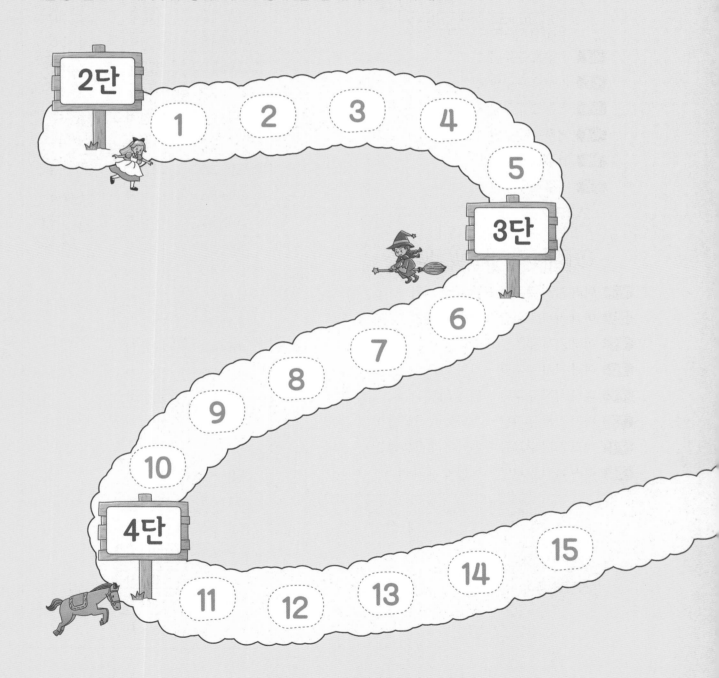

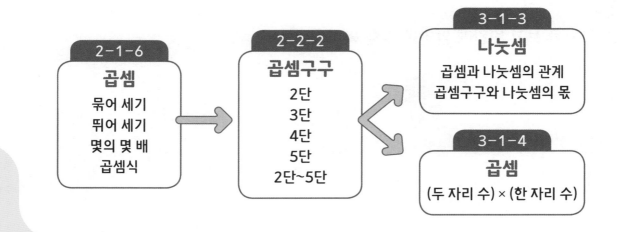

🎯 그림을 보고 빈칸에 알맞은 수를 써넣으세요.

1
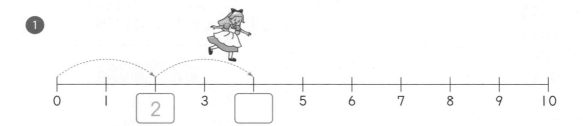

2
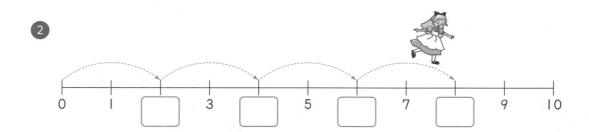

3

4

◎ 그림을 보고 □ 안에 알맞은 수를 써넣으세요.

①  2씩 □ 묶음

→ 2 − 4 − 6

② 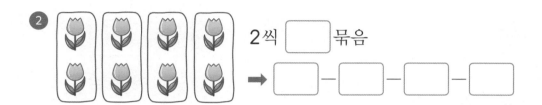 2씩 □ 묶음

→ □ − □ − □ − □

③  2씩 □ 묶음

→ 모두 □ 개

④

2씩 □ 묶음입니다. 모두 □ 명입니다.

⑤

2씩 □ 묶음입니다. 모두 □ 개입니다.

2단 곱셈식으로 나타내기

🎯 다음 덧셈식을 곱셈식으로 나타내세요.

덧셈식으로 나타내기		곱셈식
	2	$2 \times 1 = \boxed{2}$
🎎🎎	$2+2=4$	$2 \times 2 = \boxed{}$
🎎🎎🎎	$2+2+2=6$	$2 \times 3 = \boxed{}$
$2+2+2+2=8$		$2 \times 4 = \boxed{}$
$2+2+2+2+2=10$		$2 \times 5 = \boxed{}$
$2+2+2+2+2+2=12$		$2 \times 6 = \boxed{}$
$2+2+2+2+2+2+2=14$		$2 \times 7 = \boxed{}$
$2+2+2+2+2+2+2+2=16$		$2 \times 8 = \boxed{}$
$2+2+2+2+2+2+2+2+2=18$		$2 \times 9 = \boxed{}$

🎯 ☐ 안에 알맞은 수를 써넣으세요.

몇씩 몇 묶음	몇 배	곱셈식
2씩 1묶음	2의 $\boxed{1}$ 배	$2 \times 1 = \boxed{2}$
2씩 2묶음	2의 $\boxed{}$ 배	$2 \times 2 = \boxed{}$
2씩 3묶음	2의 $\boxed{}$ 배	$2 \times 3 = \boxed{}$
2씩 4묶음	2의 $\boxed{}$ 배	$2 \times 4 = \boxed{}$
2씩 5묶음	2의 $\boxed{}$ 배	$2 \times 5 = \boxed{}$
2씩 6묶음	2의 $\boxed{}$ 배	$2 \times 6 = \boxed{}$
2씩 7묶음	2의 $\boxed{}$ 배	$2 \times 7 = \boxed{}$
2씩 8묶음	2의 $\boxed{}$ 배	$2 \times 8 = \boxed{}$
2씩 9묶음	2의 $\boxed{}$ 배	$2 \times 9 = \boxed{}$

2단 읽고 쓰기

🎯 그림을 보고 ☐ 안에 알맞은 수를 써넣으세요.

2씩 늘어나는 홍학 다리의 수	읽고 쓰기
2 +2	$2 \times 1 = \boxed{}$ 이 일은 이
2 + 2 +2	$2 \times 2 = \boxed{}$ 이 이는 사
2 + 2 + 2 +2	$2 \times 3 = \boxed{}$ 이 삼은 육
2 + 2 + 2 + 2 +2	$2 \times 4 = \boxed{}$ 이 사 팔
2 + 2 + 2 + 2 + 2 +2	$2 \times 5 = \boxed{}$ 이 오 십
2 + 2 + 2 + 2 + 2 + 2 +2	$2 \times 6 = \boxed{}$ 이 육 십이
2 + 2 + 2 + 2 + 2 + 2 + 2 +2	$2 \times 7 = \boxed{}$ 이 칠 십사
2 + 2 + 2 + 2 + 2 + 2 + 2 + 2 +2	$2 \times 8 = \boxed{}$ 이 팔 십육
2 + 2 + 2 + 2 + 2 + 2 + 2 + 2 + 2	$2 \times 9 = \boxed{}$ 이 구 십팔

🎯 **2단을 소리 내어 읽으면서 곱셈식을 써 보세요.**

1 이 일은 이 ➡ $\boxed{2} \times \boxed{1} = \boxed{2}$

2 이 이는 사 ➡ $\boxed{} \times \boxed{} = \boxed{}$

3 이 삼은 육 ➡

4 이 사 팔 ➡

5 이 오 십 ➡

6 이 육 십이 ➡

7 이 칠 십사 ➡

8 이 팔 십육 ➡

9 이 구 십팔 ➡

🎯 ☐ 안에 알맞은 수를 써넣으세요.

1 $2 \times 1 =$ ☐

10 $2 \times 3 =$ ☐

2 $2 \times 2 =$ ☐

11 $2 \times 2 =$ ☐

3 $2 \times 3 =$ ☐

12 $2 \times 4 =$ ☐

4 $2 \times 4 =$ ☐

13 $2 \times 7 =$ ☐

5 $2 \times 5 =$ ☐

14 $2 \times 9 =$ ☐

6 $2 \times 6 =$ ☐

15 $2 \times 6 =$ ☐

7 $2 \times 7 =$ ☐

16 $2 \times 8 =$ ☐

8 $2 \times 8 =$ ☐

17 $2 \times 5 =$ ☐

9 $2 \times 9 =$ ☐

18 $2 \times 1 =$ ☐

🎯 ☐ 안에 알맞은 수를 써넣으세요.

① $2 \times 6 =$ ☐

② $2 \times 8 =$ ☐

③ $2 \times 2 =$ ☐

④ $2 \times 3 =$ ☐

⑤ $2 \times 9 =$ ☐

⑥ $2 \times 7 =$ ☐

⑦ $2 \times 1 =$ ☐

⑧ $2 \times 4 =$ ☐

⑨ $2 \times 5 =$ ☐

⑩ $2 \times 9 =$ ☐

⑪ $2 \times 8 =$ ☐

⑫ $2 \times 7 =$ ☐

⑬ $2 \times 6 =$ ☐

⑭ $2 \times 5 =$ ☐

⑮ $2 \times 4 =$ ☐

⑯ $2 \times 3 =$ ☐

⑰ $2 \times 2 =$ ☐

⑱ $2 \times 1 =$ ☐

$2 \times 7 = 14$인 이유를 설명해 보세요.

2단 사고력 키우기

✖ 2부터 2씩 뛰어 센 수를 모두 찾아 색칠해 보세요.

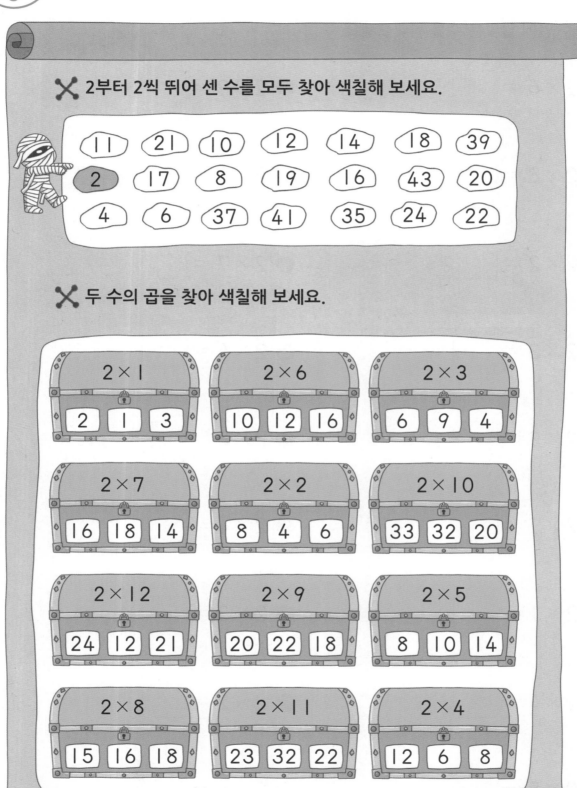

11	21	10	12	14	18	39
2	17	8	19	16	43	20
4	6	37	41	35	24	22

✖ 두 수의 곱을 찾아 색칠해 보세요.

2 × 1 : 2 1 3
2 × 6 : 10 12 16
2 × 3 : 6 9 4

2 × 7 : 16 18 14
2 × 2 : 8 4 6
2 × 10 : 33 32 20

2 × 12 : 24 12 21
2 × 9 : 20 22 18
2 × 5 : 8 10 14

2 × 8 : 15 16 18
2 × 11 : 23 32 22
2 × 4 : 12 6 8

🎯 **그림을 보고 곱셈식으로 나타내세요.**

① 병아리 **3**마리의 다리의 수는?

➡️ 　2　 × 　3　 = 　6　

●양말은 2짝이 1켤레예요.

② 양말 **5**켤레는 몇 짝인가요?

➡️ ☐ × ☐ = ☐

🎯 **곱셈식을 보고 알맞게 색칠하세요.**

③ 2 × 4 = 8

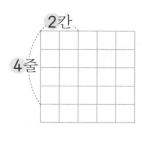

④ 2 × 1 = 2

2칸식 4줄이므로
2 × 4 = 8칸이지.

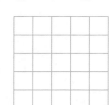

⑤ 2 × 5 = 10

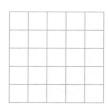

⑥ 2 × 3 = 6

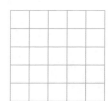

3씩 뛰어 세기와 묶어 세기

🎯 그림을 보고 빈칸에 알맞은 수를 써넣으세요.

①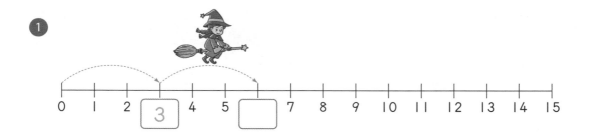

②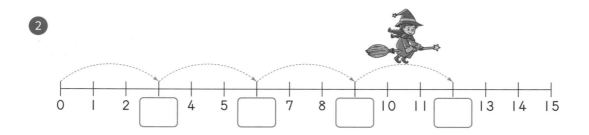

③

④

🎯 **그림을 보고 ☐ 안에 알맞은 수를 써넣으세요.**

①

3씩 ☐ 묶음

➡ 3 — 6 — 9

②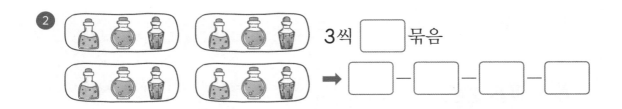

3씩 ☐ 묶음

➡ ☐ — ☐ — ☐ — ☐

③

3씩 ☐ 묶음

➡ 모두 ☐ 개

④

3씩 ☐ 묶음입니다. 모두 ☐ 개입니다.

⑤

3씩 ☐ 묶음입니다. 모두 ☐ 장입니다.

3단 곱셈식으로 나타내기

🎯 다음 덧셈식을 곱셈식으로 나타내세요.

덧셈식으로 나타내기		곱셈식
	3	$3 \times 1 = \boxed{3}$
📚📚	$3+3=6$	$3 \times 2 = \boxed{}$
📚📚📚	$3+3+3=9$	$3 \times 3 = \boxed{}$
$3+3+3+3=12$		$3 \times 4 = \boxed{}$
$3+3+3+3+3=15$		$3 \times 5 = \boxed{}$
$3+3+3+3+3+3=18$		$3 \times 6 = \boxed{}$
$3+3+3+3+3+3+3=21$		$3 \times 7 = \boxed{}$
$3+3+3+3+3+3+3+3=24$		$3 \times 8 = \boxed{}$
$3+3+3+3+3+3+3+3+3=27$		$3 \times 9 = \boxed{}$

🎯 ☐ 안에 알맞은 수를 써넣으세요.

몇씩 몇 묶음	몇 배	곱셈식
3씩 1묶음	3의 ☐1 배	$3 \times 1 = $ ☐3
3씩 2묶음	3의 ☐ 배	$3 \times 2 = $ ☐
3씩 3묶음	3의 ☐ 배	$3 \times 3 = $ ☐
3씩 4묶음	3의 ☐ 배	$3 \times 4 = $ ☐
3씩 5묶음	3의 ☐ 배	$3 \times 5 = $ ☐
3씩 6묶음	3의 ☐ 배	$3 \times 6 = $ ☐
3씩 7묶음	3의 ☐ 배	$3 \times 7 = $ ☐
3씩 8묶음	3의 ☐ 배	$3 \times 8 = $ ☐
3씩 9묶음	☐의 ☐ 배	$3 \times 9 = $ ☐

3단 읽고 쓰기

🎯 그림을 보고 ☐ 안에 알맞은 수를 써넣으세요.

3씩 늘어나는 촛불의 수	읽고 쓰기
3	3×1=☐ 삼 일은 삼
3 + 3	3×2=☐ 삼 이 육
3 + 3 + 3	3×3=☐ 삼 삼은 구
3 + 3 + 3 + 3	3×4=☐ 삼 사 십이
3 + 3 + 3 + 3 + 3	3×5=☐ 삼 오 십오
3 + 3 + 3 + 3 + 3 + 3	3×6=☐ 삼 육 십팔
3 + 3 + 3 + 3 + 3 + 3 + 3	3×7=☐ 삼 칠 이십일
3 + 3 + 3 + 3 + 3 + 3 + 3 + 3	3×8=☐ 삼 팔 이십사
3 + 3 + 3 + 3 + 3 + 3 + 3 + 3 + 3	3×9=☐ 삼 구 이십칠

+3

🎯 **3단을 소리 내어 읽으면서 곱셈식을 써 보세요.**

① 삼 일은 삼 ➡ $\boxed{3} \times \boxed{1} = \boxed{3}$

② 삼 이 육 ➡ $\boxed{} \times \boxed{} = \boxed{}$

③ 삼 삼은 구 ➡

④ 삼 사 십이 ➡

⑤ 삼 오 십오 ➡

⑥ 삼 육 십팔 ➡

⑦ 삼 칠 이십일 ➡

⑧ 삼 팔 이십사 ➡

⑨ 삼 구 이십칠 ➡

3단 연습하기

🎯 ☐ 안에 알맞은 수를 써넣으세요.

① $3 \times 1 =$ ☐

② $3 \times 2 =$ ☐

③ $3 \times 3 =$ ☐

④ $3 \times 4 =$ ☐

⑤ $3 \times 5 =$ ☐

⑥ $3 \times 6 =$ ☐

⑦ $3 \times 7 =$ ☐

⑧ $3 \times 8 =$ ☐

⑨ $3 \times 9 =$ ☐

⑩ $3 \times 3 =$ ☐

⑪ $3 \times 7 =$ ☐

⑫ $3 \times 4 =$ ☐

⑬ $3 \times 2 =$ ☐

⑭ $3 \times 1 =$ ☐

⑮ $3 \times 6 =$ ☐

⑯ $3 \times 9 =$ ☐

⑰ $3 \times 5 =$ ☐

⑱ $3 \times 8 =$ ☐

🎯 ☐ 안에 알맞은 수를 써넣으세요.

1 $3 \times 3 =$ ☐

2 $3 \times 1 =$ ☐

3 $3 \times 9 =$ ☐

4 $3 \times 5 =$ ☐

5 $3 \times 8 =$ ☐

6 $3 \times 2 =$ ☐

7 $3 \times 6 =$ ☐

8 $3 \times 7 =$ ☐

9 $3 \times 4 =$ ☐

10 $3 \times 9 =$ ☐

11 $3 \times 8 =$ ☐

12 $3 \times 7 =$ ☐

13 $3 \times 6 =$ ☐

14 $3 \times 5 =$ ☐

15 $3 \times 4 =$ ☐

16 $3 \times 3 =$ ☐

17 $3 \times 2 =$ ☐

18 $3 \times 1 =$ ☐

$3 \times 5 = 15$인 이유를 설명해 보세요.

3단 사고력 키우기

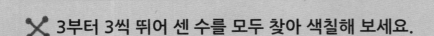

✕ 3부터 3씩 뛰어 센 수를 모두 찾아 색칠해 보세요.

5	10	15	18	28	41	36
3	8	12	21	24	33	46
6	9	16	19	27	30	38

✕ 두 수의 곱을 찾아 색칠해 보세요.

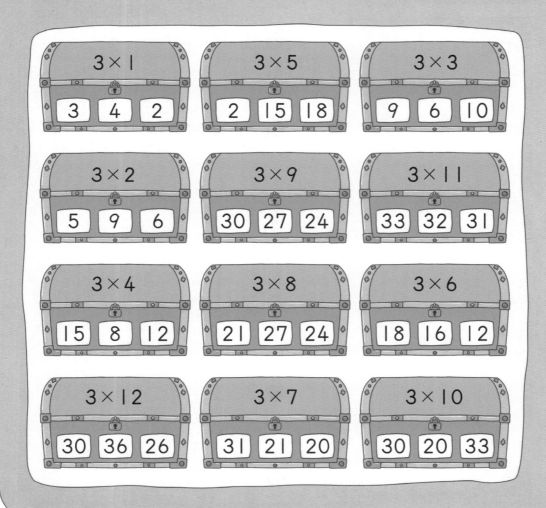

3×1	3×5	3×3
3 4 2	2 15 18	9 6 10

3×2	3×9	3×11
5 9 6	30 27 24	33 32 31

3×4	3×8	3×6
15 8 12	21 27 24	18 16 12

3×12	3×7	3×10
30 36 26	31 21 20	30 20 33

🎯 **그림을 보고 곱셈식으로 나타내세요.**

① 세발자전거 5대의 바퀴 수는?

➡ [3] × [5] = [15]

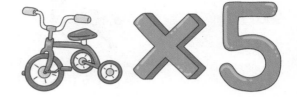

② 세 잎 클로버 8개의 잎은 모두
몇 장인가요?

➡ [　] × [　] = [　]

🎯 **곱셈식을 보고 알맞게 색칠하세요.**

③ **3 × 2 = 6**

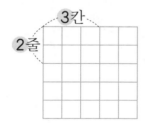

④ 3 × 4 = 12

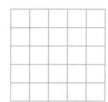

⑤ 3 × 3 = 9

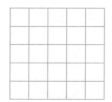

⑥ 3 × 5 = 15

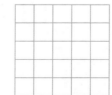

31

4씩 뛰어 세기와 묶어 세기 ·····································

🎯 그림을 보고 빈칸에 알맞은 수를 써넣으세요.

①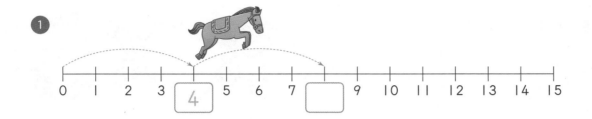

②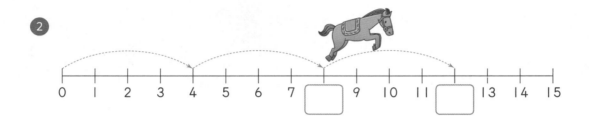

③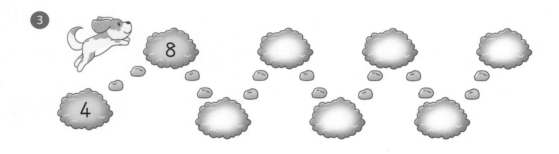

④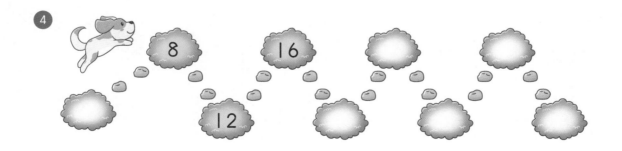

🎯 그림을 보고 ☐ 안에 알맞은 수를 써넣으세요.

①

4씩 ☐ 묶음

➡ 4 – 8

②

4씩 ☐ 묶음

➡ ☐ – ☐ – ☐

③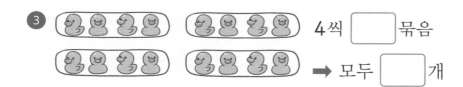

4씩 ☐ 묶음

➡ 모두 ☐ 개

④

4씩 ☐ 묶음입니다. 모두 ☐ 마리입니다.

⑤

4씩 ☐ 묶음입니다. 모두 ☐ 개입니다.

4단 곱셈식으로 나타내기

🎯 다음 덧셈식을 곱셈식으로 나타내세요.

덧셈식으로 나타내기		곱셈식
	4	$4 \times 1 = \boxed{4}$
🏠🏠	$4+4=8$	$4 \times 2 = \boxed{}$
🏠🏠🏠	$4+4+4=12$	$4 \times 3 = \boxed{}$
$4+4+4+4=16$		$4 \times 4 = \boxed{}$
$4+4+4+4+4=20$		$4 \times 5 = \boxed{}$
$4+4+4+4+4+4=24$		$4 \times 6 = \boxed{}$
$4+4+4+4+4+4+4=28$		$4 \times 7 = \boxed{}$
$4+4+4+4+4+4+4+4=32$		$4 \times 8 = \boxed{}$
$4+4+4+4+4+4+4+4+4=36$		$4 \times 9 = \boxed{}$

🎯 ☐ 안에 알맞은 수를 써넣으세요.

몇씩 몇 묶음	몇 배	곱셈식
4씩 1묶음	4의 ☐1☐ 배	4 × 1 = ☐4☐
4씩 2묶음	4의 ☐ 배	4 × 2 = ☐
4씩 3묶음	4의 ☐ 배	4 × 3 = ☐
4씩 4묶음	4의 ☐ 배	4 × 4 = ☐
4씩 5묶음	4의 ☐ 배	4 × 5 = ☐
4씩 6묶음	4의 ☐ 배	4 × 6 = ☐
4씩 7묶음	4의 ☐ 배	4 × 7 = ☐
4씩 8묶음	4의 ☐ 배	4 × 8 = ☐
4씩 9묶음	☐의 ☐ 배	4 × 9 = ☐

4단 읽고 쓰기

🎯 그림을 보고 ☐ 안에 알맞은 수를 써넣으세요.

4씩 늘어나는 울타리의 수	읽고 쓰기
4	$4 \times 1 =$ ☐ 4 사 일은 사
4 + 4 +4	$4 \times 2 =$ ☐ 사 이 팔
4 + 4 + 4 +4	$4 \times 3 =$ ☐ 사 삼 십이
4 + 4 + 4 + 4 +4	$4 \times 4 =$ ☐ 사 사 십육
4 + 4 + 4 + 4 + 4 +4	$4 \times 5 =$ ☐ 사 오 이십
4 + 4 + 4 + 4 + 4 + 4 +4	$4 \times 6 =$ ☐ 사 육 이십사
4 + 4 + 4 + 4 + 4 + 4 + 4 +4	$4 \times 7 =$ ☐ 사 칠 이십팔
4 + 4 + 4 + 4 + 4 + 4 + 4 + 4 +4	$4 \times 8 =$ ☐ 사 팔 삼십이
4 + 4 + 4 + 4 + 4 + 4 + 4 + 4 + 4	$4 \times 9 =$ ☐ 사 구 삼십육

🎯 **4단을 소리 내어 읽으면서 곱셈식을 써 보세요.**

❶ 사 일은 사 ➡ $4 \times 1 = 4$

❷ 사 이 팔 ➡ $\boxed{} \times \boxed{} = \boxed{}$

❸ 사 삼 십이 ➡

❹ 사 사 십육 ➡

❺ 사 오 이십 ➡

❻ 사 육 이십사 ➡

❼ 사 칠 이십팔 ➡

❽ 사 팔 삼십이 ➡

❾ 사 구 삼십육 ➡

37

4단 연습하기

🎯 ☐ 안에 알맞은 수를 써넣으세요.

❶ $4 \times 1 =$ ☐

❷ $4 \times 2 =$ ☐

❸ $4 \times 3 =$ ☐

❹ $4 \times 4 =$ ☐

❺ $4 \times 5 =$ ☐

❻ $4 \times 6 =$ ☐

❼ $4 \times 7 =$ ☐

❽ $4 \times 8 =$ ☐

❾ $4 \times 9 =$ ☐

❿ $4 \times 3 =$ ☐

⓫ $4 \times 8 =$ ☐

⓬ $4 \times 4 =$ ☐

⓭ $4 \times 7 =$ ☐

⓮ $4 \times 1 =$ ☐

⓯ $4 \times 2 =$ ☐

⓰ $4 \times 6 =$ ☐

⓱ $4 \times 5 =$ ☐

⓲ $4 \times 9 =$ ☐

🎯 ☐ 안에 알맞은 수를 써넣으세요.

① $4 \times 6 =$ ☐

② $4 \times 3 =$ ☐

③ $4 \times 2 =$ ☐

④ $4 \times 8 =$ ☐

⑤ $4 \times 9 =$ ☐

⑥ $4 \times 7 =$ ☐

⑦ $4 \times 4 =$ ☐

⑧ $4 \times 1 =$ ☐

⑨ $4 \times 5 =$ ☐

⑩ $4 \times 9 =$ ☐

⑪ $4 \times 8 =$ ☐

⑫ $4 \times 7 =$ ☐

⑬ $4 \times 6 =$ ☐

⑭ $4 \times 5 =$ ☐

⑮ $4 \times 4 =$ ☐

⑯ $4 \times 3 =$ ☐

⑰ $4 \times 2 =$ ☐

⑱ $4 \times 1 =$ ☐

$4 \times 6 = 24$인 이유를 설명해 보세요.

4부터 4씩 뛰어 센 수를 모두 찾아 색칠해 보세요.

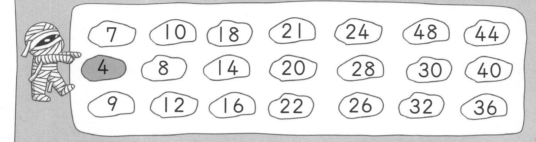

7	10	18	21	24	48	44
4	8	14	20	28	30	40
9	12	16	22	26	32	36

 두 수의 곱을 찾아 색칠해 보세요.

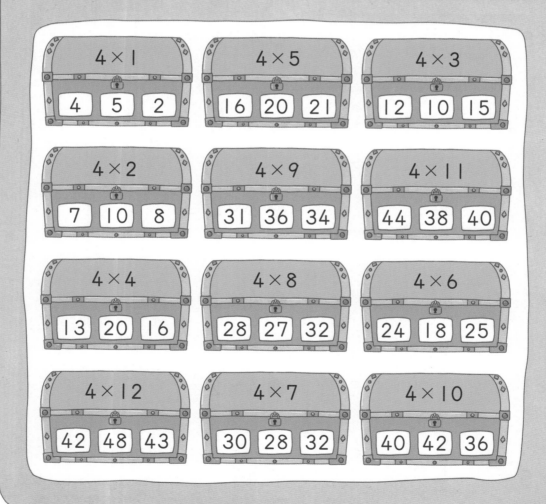

4×1 : 4 5 2
4×5 : 16 20 21
4×3 : 12 10 15

4×2 : 7 10 8
4×9 : 31 36 34
4×11 : 44 38 40

4×4 : 13 20 16
4×8 : 28 27 32
4×6 : 24 18 25

4×12 : 42 48 43
4×7 : 30 28 32
4×10 : 40 42 36

🎯 **그림을 보고 곱셈식으로 나타내세요.**

① 책상 **4**개의 다리의 수는?

➡ 　 4 　 × 　 4 　 = 　　

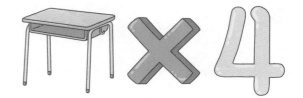

┌─ 집을 세는 단위예요.
② 집 **6**채의 창문은 모두 몇 개인가요?

➡ 　　 × 　　 = 　　

🎯 **곱셈식을 보고 알맞게 색칠하세요.**

③ $4 \times 4 = 16$

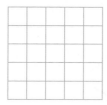

④ $4 \times 2 = 8$

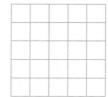

⑤ $4 \times 3 = 12$

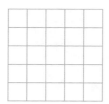

⑥ $4 \times 5 = 20$

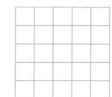

🎯 그림을 보고 빈칸에 알맞은 수를 써넣으세요.

1

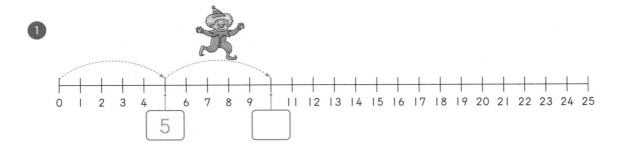

2

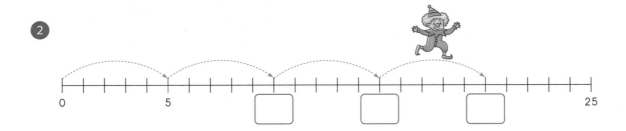

3

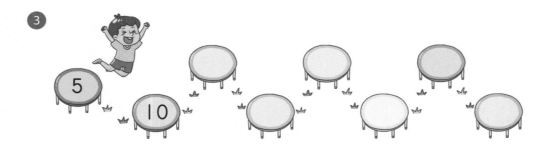

4

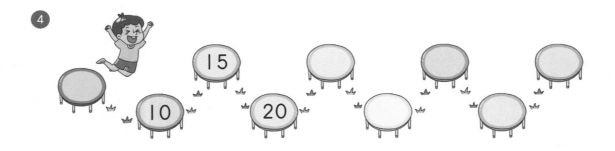

🎯 그림을 보고 ☐ 안에 알맞은 수를 써넣으세요.

1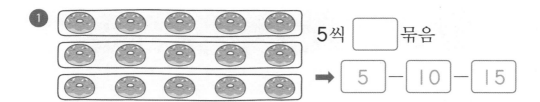

5씩 ☐ 묶음

→ 5 – 10 – 15

2

5씩 ☐ 묶음

→ 모두 ☐ 개

3

5씩 ☐ 묶음입니다. 모두 ☐ 개입니다.

4

5씩 ☐ 묶음입니다. 모두 ☐ 개입니다.

5단 곱셈식으로 나타내기

🎯 다음 덧셈식을 곱셈식으로 나타내세요.

덧셈식으로 나타내기		곱셈식
	5	5 × 1 = 5
	5+5=10	5 × 2 = ☐
	5+5+5=15	5 × 3 = ☐
5+5+5+5=20		5 × 4 = ☐
5+5+5+5+5=25		5 × 5 = ☐
5+5+5+5+5+5=30		5 × 6 = ☐
5+5+5+5+5+5+5=35		5 × 7 = ☐
5+5+5+5+5+5+5+5=40		5 × 8 = ☐
5+5+5+5+5+5+5+5+5=45		5 × 9 = ☐

◎ □ 안에 알맞은 수를 써넣으세요.

몇씩 몇 묶음	몇 배	곱셈식
5씩 1묶음	5의 □1 배	5 × 1 = □5
5씩 2묶음	5의 □ 배	5 × 2 = □
5씩 3묶음	5의 □ 배	5 × 3 = □
5씩 4묶음	5의 □ 배	5 × 4 = □
5씩 5묶음	5의 □ 배	5 × 5 = □
5씩 6묶음	5의 □ 배	5 × 6 = □
5씩 7묶음	5의 □ 배	5 × 7 = □
5씩 8묶음	5의 □ 배	5 × 8 = □
5씩 9묶음	□의 □ 배	5 × 9 = □

🎯 그림을 보고 ☐ 안에 알맞은 수를 써넣으세요.

5씩 늘어나는 날개의 수	읽고 쓰기
5	$5 \times 1 = \boxed{5}$ 오 일은 오
5 + 5	$5 \times 2 = \boxed{}$ 오 이 십
5 + 5 + 5	$5 \times 3 = \boxed{}$ 오 삼 십오
5 + 5 + 5 + 5	$5 \times 4 = \boxed{}$ 오 사 이십
5 + 5 + 5 + 5 + 5	$5 \times 5 = \boxed{}$ 오 오 이십오
5 + 5 + 5 + 5 + 5 + 5	$5 \times 6 = \boxed{}$ 오 육 삼십
5 + 5 + 5 + 5 + 5 + 5 + 5	$5 \times 7 = \boxed{}$ 오 칠 삼십오
5 + 5 + 5 + 5 + 5 + 5 + 5 + 5	$5 \times 8 = \boxed{}$ 오 팔 사십
5 + 5 + 5 + 5 + 5 + 5 + 5 + 5 + 5	$5 \times 9 = \boxed{}$ 오 구 사십오

+5 +5 +5 +5 +5 +5 +5 +5

🎯 **5단을 소리 내어 읽으면서 곱셈식을 써 보세요.**

❶ 오 일은 오 ➡ $\boxed{5} \times \boxed{1} = \boxed{5}$

❷ 오 이 십 ➡ $\boxed{} \times \boxed{} = \boxed{}$

❸ 오 삼 십오 ➡

❹ 오 사 이십 ➡

❺ 오 오 이십오 ➡

❻ 오 육 삼십 ➡

❼ 오 칠 삼십오 ➡

❽ 오 팔 사십 ➡

❾ 오 구 사십오 ➡

🎯 □ 안에 알맞은 수를 써넣으세요.

① 5 × 1 = ☐   ⑩ 5 × 6 = ☐

② 5 × 2 = ☐   ⑪ 5 × 8 = ☐

③ 5 × 3 = ☐   ⑫ 5 × 2 = ☐

④ 5 × 4 = ☐   ⑬ 5 × 3 = ☐

⑤ 5 × 5 = ☐   ⑭ 5 × 9 = ☐

⑥ 5 × 6 = ☐   ⑮ 5 × 7 = ☐

⑦ 5 × 7 = ☐   ⑯ 5 × 1 = ☐

⑧ 5 × 8 = ☐   ⑰ 5 × 4 = ☐

⑨ 5 × 9 = ☐   ⑱ 5 × 5 = ☐

🎯 ☐ 안에 알맞은 수를 써넣으세요.

❶ $5 \times 3 =$ ☐

❷ $5 \times 2 =$ ☐

❸ $5 \times 4 =$ ☐

❹ $5 \times 7 =$ ☐

❺ $5 \times 9 =$ ☐

❻ $5 \times 6 =$ ☐

❼ $5 \times 8 =$ ☐

❽ $5 \times 5 =$ ☐

❾ $5 \times 1 =$ ☐

❿ $5 \times 9 =$ ☐

⓫ $5 \times 8 =$ ☐

⓬ $5 \times 7 =$ ☐

⓭ $5 \times 6 =$ ☐

⓮ $5 \times 5 =$ ☐

⓯ $5 \times 4 =$ ☐

⓰ $5 \times 3 =$ ☐

⓱ $5 \times 2 =$ ☐

⓲ $5 \times 1 =$ ☐

$5 \times 8 = 40$인 이유를 설명해 보세요.

✖ 5부터 5씩 뛰어 센 수를 모두 찾아 색칠해 보세요.

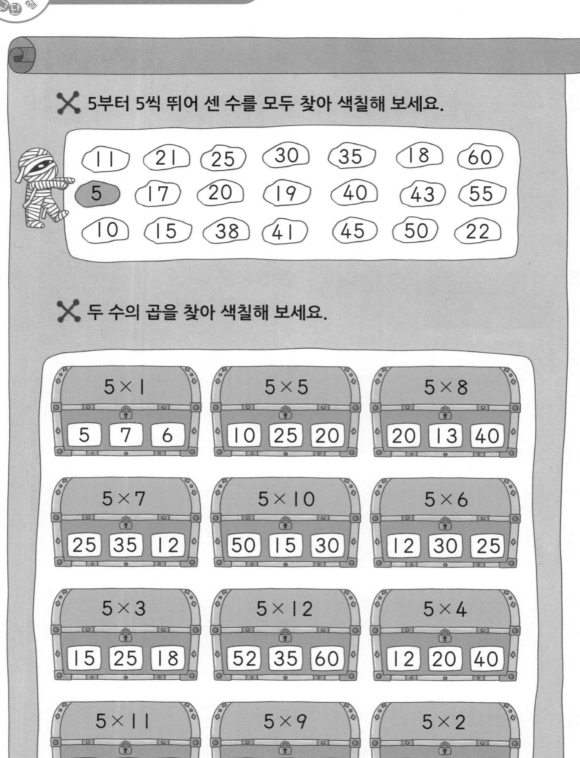

11	21	25	30	35	18	60
5	17	20	19	40	43	55
10	15	38	41	45	50	22

✖ 두 수의 곱을 찾아 색칠해 보세요.

| 5×1 | 5×5 | 5×8 |
| 5 7 6 | 10 25 20 | 20 13 40 |

| 5×7 | 5×10 | 5×6 |
| 25 35 12 | 50 15 30 | 12 30 25 |

| 5×3 | 5×12 | 5×4 |
| 15 25 18 | 52 35 60 | 12 20 40 |

| 5×11 | 5×9 | 5×2 |
| 35 55 51 | 45 49 59 | 7 12 10 |

🎯 **그림을 보고 곱셈식으로 나타내세요.**

─●별 5개가 모여있어요.

1 **카시오페이아자리** 스티커 7개의
별의 수는?

➡ $\boxed{5} \times \boxed{7} = \boxed{}$

2 놀이 기구 9대에 탄 사람은 모두
몇 명인가요?

➡ $\boxed{} \times \boxed{} = \boxed{}$

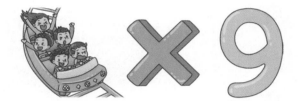

🎯 **곱셈식을 보고 알맞게 색칠하세요.**

3 $5 \times 2 = 10$

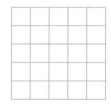

4 $5 \times 1 = 5$

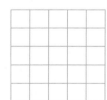

5 $5 \times 4 = 20$

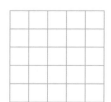

6 $5 \times 5 = 25$

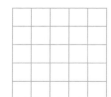

🎯 □ 안에 알맞은 수를 써넣으세요.

❶ $2 \times 3 = $ ▢

❷ $2 \times 5 = $ ▢

❸ $3 \times 4 = $ ▢

❹ $3 \times 7 = $ ▢

❺ $4 \times 9 = $ ▢

❻ $4 \times 6 = $ ▢

❼ $5 \times 9 = $ ▢

❽ $5 \times 5 = $ ▢

❾ $5 \times 3 = $ ▢

❿ $2 \times 9 = $ ▢

⓫ $3 \times 8 = $ ▢

⓬ $5 \times 2 = $ ▢

⓭ $4 \times 3 = $ ▢

⓮ $3 \times 9 = $ ▢

⓯ $5 \times 7 = $ ▢

⓰ $4 \times 8 = $ ▢

⓱ $2 \times 4 = $ ▢

⓲ $3 \times 6 = $ ▢

◎ ☐ 안에 알맞은 수를 써넣으세요.

❶ $4 \times 2 =$ ☐

❷ $2 \times 6 =$ ☐

❸ $5 \times 8 =$ ☐

❹ $3 \times 1 =$ ☐

❺ $2 \times 3 =$ ☐

❻ $4 \times 7 =$ ☐

❼ $3 \times 5 =$ ☐

❽ $2 \times 8 =$ ☐

❾ $4 \times 4 =$ ☐

❿ $5 \times 6 =$ ☐

⓫ $3 \times 7 =$ ☐

⓬ $2 \times 2 =$ ☐

⓭ $4 \times 5 =$ ☐

⓮ $5 \times 9 =$ ☐

⓯ $2 \times 7 =$ ☐

⓰ $4 \times 6 =$ ☐

⓱ $3 \times 4 =$ ☐

⓲ $5 \times 7 =$ ☐

🎯 곱셈표를 완성해 보세요.

❶

×	1	2	3	4	5	6	7	8	9
2									

❷

×	1	2	3	4	5	6	7	8	9
3									

❸

×	2
9	
8	
7	
6	
5	
4	
3	
2	
1	

❹

×	3
9	
8	
7	
6	
5	
4	
3	
2	
1	

🎯 **곱셈표를 완성해 보세요.**

1

×	1	2	3	4	5	6	7	8	9
4									

2

×	1	2	3	4	5	6	7	8	9
5									

3

×	4
9	
8	
7	
6	
5	
4	
3	
2	
1	

4

×	5
9	
8	
7	
6	
5	
4	
3	
2	
1	

🎯 빈칸에 알맞은 수를 써넣으세요.

1

×	3	5
2		
3		

2

×	7	8
2		
3		

3

×	2	4
4		
5		

4

×	6	9
4		
5		

5

×	6	8	9
2			
3			
4			

6

×	4	5	8
3			
4			
5			

🎯 빈칸에 알맞은 수를 써넣으세요.

1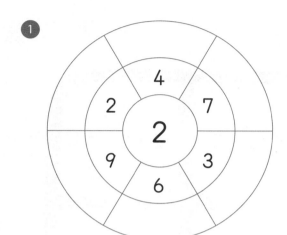

2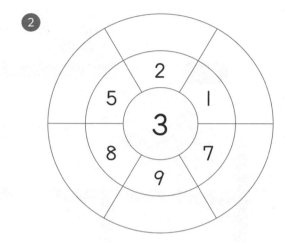

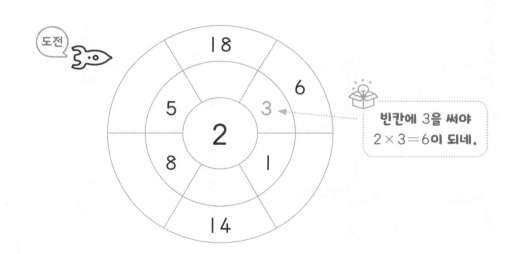

도전

빈칸에 3을 써야
2×3＝6이 되네.

3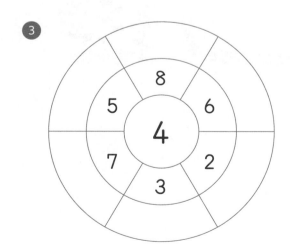

4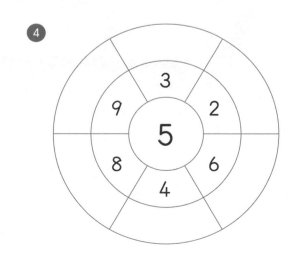

🎯 바르게 계산한 곱셈식을 따라 선을 그어 보세요.

출발

$2 \times 2 = 4$　　$3 \times 2 = 5$　　$2 \times 9 = 14$

$3 \times 3 = 7$　　$2 \times 4 = 8$　　$5 \times 2 = 12$　　$4 \times 4 = 18$

$5 \times 8 = 48$　　$3 \times 5 = 15$　　$4 \times 6 = 24$　　$5 \times 6 = 30$

$2 \times 7 = 16$　　$5 \times 4 = 25$　　$3 \times 8 = 26$

🎯 **바르게 계산한 곱셈식을 모두 찾아 색칠해 보세요.**

$3 \times 3 = 3$	$2 \times 5 = 11$	$3 \times 9 = 18$	$5 \times 3 = 12$	$2 \times 7 = 16$	$4 \times 3 = 9$	$5 \times 7 = 30$
$2 \times 3 = 6$	$4 \times 2 = 8$	$5 \times 6 = 30$	$2 \times 8 = 19$	$3 \times 9 = 27$	$4 \times 6 = 24$	$3 \times 6 = 18$
$5 \times 2 = 15$	$3 \times 7 = 21$	$4 \times 9 = 36$	$3 \times 6 = 12$	$5 \times 5 = 25$	$2 \times 8 = 16$	$4 \times 4 = 20$
$4 \times 5 = 25$	$2 \times 2 = 6$	$5 \times 4 = 22$	$2 \times 1 = 3$	$4 \times 8 = 36$	$3 \times 5 = 20$	$5 \times 6 = 33$
$2 \times 7 = 14$	$5 \times 1 = 11$	$3 \times 2 = 8$	$4 \times 4 = 20$	$2 \times 4 = 13$	$4 \times 1 = 6$	$5 \times 9 = 45$
$4 \times 8 = 25$	$3 \times 4 = 12$	$4 \times 3 = 15$	$3 \times 9 = 26$	$5 \times 3 = 25$	$4 \times 7 = 28$	$3 \times 3 = 12$
$5 \times 3 = 25$	$2 \times 6 = 15$	$5 \times 8 = 40$	$4 \times 5 = 20$	$2 \times 9 = 18$	$3 \times 8 = 26$	$2 \times 7 = 16$

25 2~5단 실전문제 4

바른 답이 적힌 사다리를 찾아 길을 표시하고, 만날 수 있는 동물에 ◯표 해 보세요.

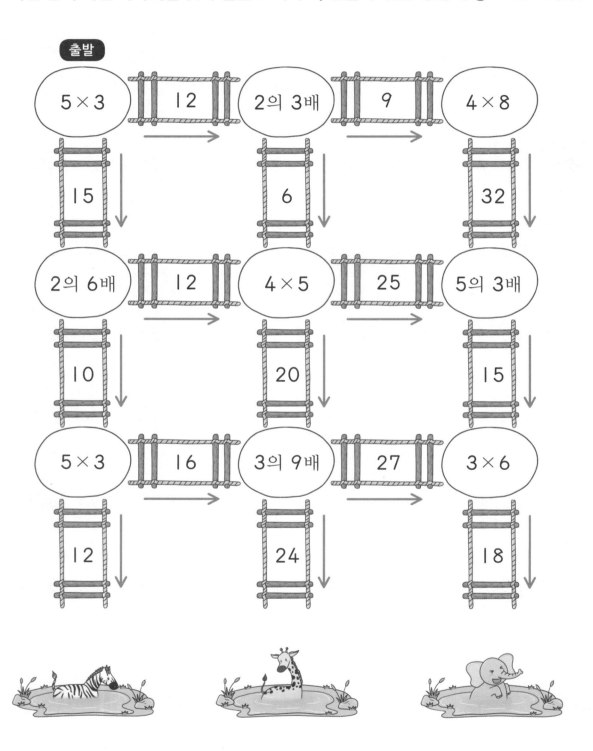

🎯 그림을 보고 성냥개비의 수를 곱셈식으로 나타내세요.

①

$3 \times \boxed{} = \boxed{}$

②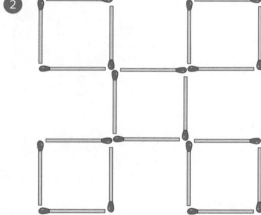

$4 \times \boxed{} = \boxed{}$

③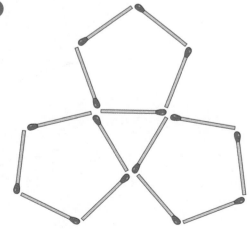

$\boxed{} \times \boxed{} = \boxed{}$

권장 진도표에 맞춰 공부하고, 공부한 단계에 표시하세요.

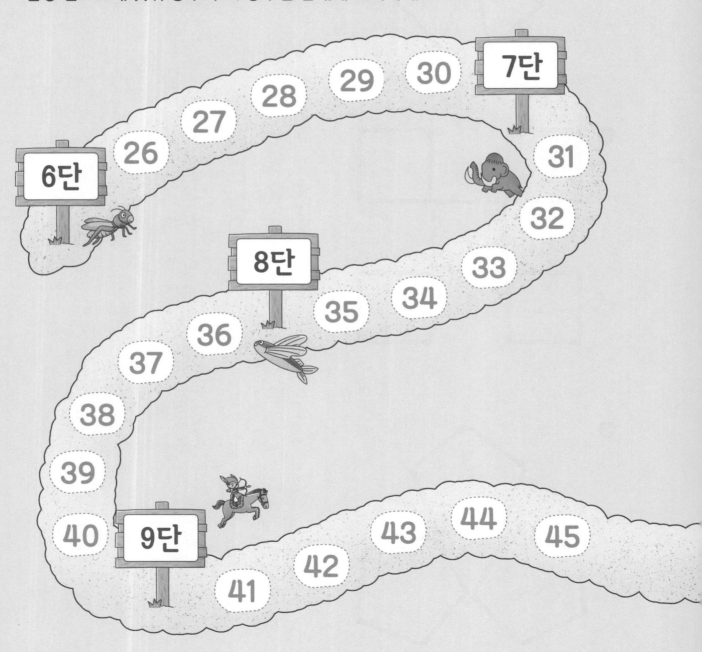

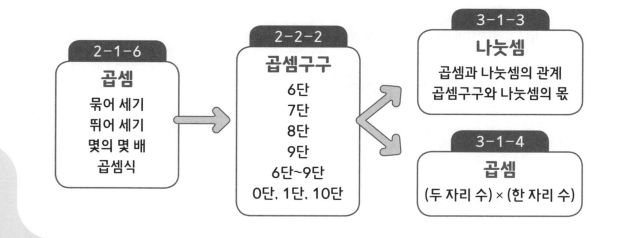

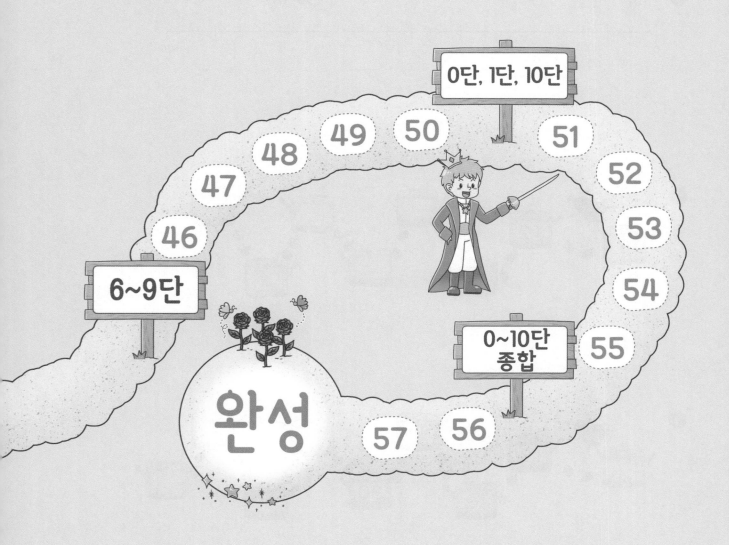

🎯 그림을 보고 빈칸에 알맞은 수를 써넣으세요.

1

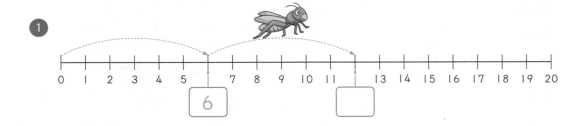

2

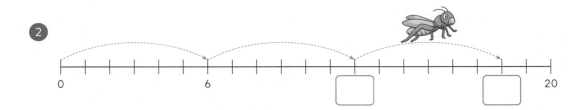

3

4

🎯 그림을 보고 ☐ 안에 알맞은 수를 써넣으세요.

①

6씩 ☐ 묶음

→ ☐ ― ☐

②

6씩 ☐ 묶음

→ 모두 ☐ 개

③

6씩 ☐ 묶음입니다. 모두 ☐ 마리입니다.

④

6씩 ☐ 묶음입니다. 모두 ☐ 마리입니다.

27 6단 곱셈식으로 나타내기

🎯 다음 덧셈식을 곱셈식으로 나타내세요.

덧셈식		곱셈식
	6	$6 \times 1 = \boxed{6}$
	$6 + 6 = 12$	$6 \times 2 = \boxed{}$
	$6 + 6 + 6 = 18$	$6 \times 3 = \boxed{}$
$6 + 6 + 6 + 6 = 24$		$6 \times 4 = \boxed{}$
$6 + 6 + 6 + 6 + 6 = 30$		$6 \times 5 = \boxed{}$
$6 + 6 + 6 + 6 + 6 + 6 = 36$		$6 \times 6 = \boxed{}$
$6 + 6 + 6 + 6 + 6 + 6 + 6 = 42$		$6 \times 7 = \boxed{}$
$6 + 6 + 6 + 6 + 6 + 6 + 6 + 6 = 48$		$6 \times 8 = \boxed{}$
$6 + 6 + 6 + 6 + 6 + 6 + 6 + 6 + 6 = 54$		$6 \times 9 = \boxed{}$

🎯 ☐ 안에 알맞은 수를 써넣으세요.

몇씩 몇 묶음	몇 배	곱셈식
6씩 1묶음	6의 ☐1☐ 배	$6 \times 1 = $ ☐6☐
6씩 2묶음	6의 ☐ 배	$6 \times 2 = $ ☐
6씩 3묶음	6의 ☐ 배	$6 \times 3 = $ ☐
6씩 4묶음	6의 ☐ 배	$6 \times 4 = $ ☐
6씩 5묶음	6의 ☐ 배	$6 \times 5 = $ ☐
6씩 6묶음	6의 ☐ 배	$6 \times 6 = $ ☐
6씩 7묶음	6의 ☐ 배	$6 \times 7 = $ ☐
6씩 8묶음	6의 ☐ 배	$6 \times 8 = $ ☐
6씩 9묶음	☐의 ☐ 배	$6 \times 9 = $ ☐

6단 읽고 쓰기

🎯 그림을 보고 ☐ 안에 알맞은 수를 써넣으세요.

6씩 늘어나는 개미 다리의 수	읽고 쓰기
6	$6 \times 1 = \boxed{}$ 육 일은 육
6 + 6 +6	$6 \times 2 = \boxed{}$ 육 이 십이
6 + 6 + 6 +6	$6 \times 3 = \boxed{}$ 육 삼 십팔
6 + 6 + 6 + 6 +6	$6 \times 4 = \boxed{}$ 육 사 이십사
6 + 6 + 6 + 6 + 6 +6	$6 \times 5 = \boxed{}$ 육 오 삼십
6 + 6 + 6 + 6 + 6 + 6 +6	$6 \times 6 = \boxed{}$ 육 육 삼십육
6 + 6 + 6 + 6 + 6 + 6 + 6 +6	$6 \times 7 = \boxed{}$ 육 칠 사십이
6 + 6 + 6 + 6 + 6 + 6 + 6 + 6 +6	$6 \times 8 = \boxed{}$ 육 팔 사십팔
6 + 6 + 6 + 6 + 6 + 6 + 6 + 6 + 6 +6	$6 \times 9 = \boxed{}$ 육 구 오십사

◎ 6단을 소리 내어 읽으면서 곱셈식을 써 보세요.

① 육 일은 육 ➡ ☐ × ☐ = ☐

② 육 이 십이 ➡ ☐ × ☐ = ☐

③ 육 삼 십팔 ➡

④ 육 사 이십사 ➡

⑤ 육 오 삼십 ➡

⑥ 육 육 삼십육 ➡

⑦ 육 칠 사십이 ➡

⑧ 육 팔 사십팔 ➡

⑨ 육 구 오십사 ➡

🎯 ☐ 안에 알맞은 수를 써넣으세요.

1 $6 \times 1 =$ ☐

2 $6 \times 2 =$ ☐

3 $6 \times 3 =$ ☐

4 $6 \times 4 =$ ☐

5 $6 \times 5 =$ ☐

6 $6 \times 6 =$ ☐

7 $6 \times 7 =$ ☐

8 $6 \times 8 =$ ☐

9 $6 \times 9 =$ ☐

10 $6 \times 6 =$ ☐

11 $6 \times 8 =$ ☐

12 $6 \times 2 =$ ☐

13 $6 \times 3 =$ ☐

14 $6 \times 9 =$ ☐

15 $6 \times 7 =$ ☐

16 $6 \times 1 =$ ☐

17 $6 \times 4 =$ ☐

18 $6 \times 5 =$ ☐

◎ □ 안에 알맞은 수를 써넣으세요.

❶ 6 × 3 = ☐

❷ 6 × 2 = ☐

❸ 6 × 4 = ☐

❹ 6 × 7 = ☐

❺ 6 × 9 = ☐

❻ 6 × 6 = ☐

❼ 6 × 8 = ☐

❽ 6 × 5 = ☐

❾ 6 × 1 = ☐

❿ 6 × 9 = ☐

⓫ 6 × 8 = ☐

⓬ 6 × 7 = ☐

⓭ 6 × 6 = ☐

⓮ 6 × 5 = ☐

⓯ 6 × 4 = ☐

⓰ 6 × 3 = ☐

⓱ 6 × 2 = ☐

⓲ 6 × 1 = ☐

6 × 4 = 24인 이유를 설명해 보세요.

✖ 6부터 6씩 뛰어 센 수를 모두 찾아 색칠해 보세요.

11	21	30	36	42	53	72
6	17	24	19	48	66	70
12	18	38	40	54	60	68

✖ 두 수의 곱을 찾아 색칠해 보세요.

6×4
| 20 | 24 | 28 |

6×1
| 6 | 9 | 8 |

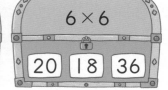

6×6
| 20 | 18 | 36 |

6×8
| 48 | 35 | 54 |

6×10
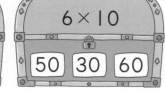
| 50 | 30 | 60 |

6×5
| 42 | 30 | 25 |

6×2
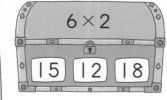
| 15 | 12 | 18 |

6×11

| 66 | 55 | 60 |

6×9

| 45 | 36 | 54 |

6×12

| 70 | 60 | 72 |

6×7

| 42 | 48 | 59 |

6×3
| 21 | 18 | 12 |

🎯 **그림을 보고 곱셈식으로 나타내세요.**

① 6칸 벌집 3개의 칸의 수는?

→ ☐ × ☐ = ☐

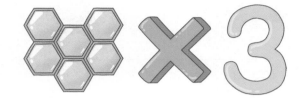

② 육쪽마늘 5개의 마늘쪽은 모두 몇 개인가요?

┌ I 개에 마늘 6쪽이 들어있어요.

→ ☐ × ☐ = ☐

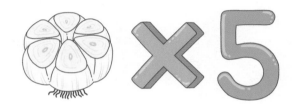

🎯 **곱셈식을 보고 알맞게 색칠하세요.**

③ 6 × 2 = 12

④ 6 × 4 = 24

⑤ 6 × 5 = 30

⑥ 6 × 3 = 18

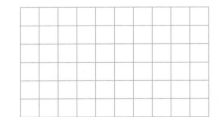

31

7씩 뛰어 세기와 묶어 세기

🎯 그림을 보고 빈칸에 알맞은 수를 써넣으세요.

1

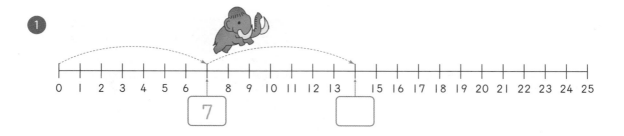

2

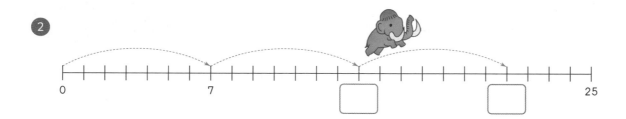

3

4

🎯 그림을 보고 ☐ 안에 알맞은 수를 써넣으세요.

1  7씩 ☐ 묶음

→ ☐ − ☐

2 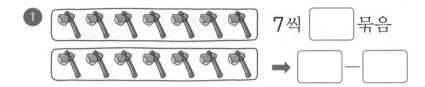 7씩 ☐ 묶음

→ 모두 ☐ 개

3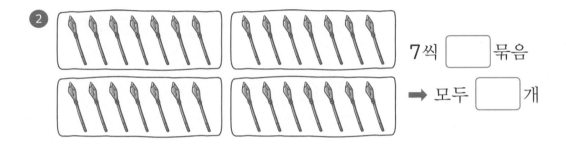

7씩 ☐ 묶음입니다. 모두 ☐ 명입니다.

4

7씩 ☐ 묶음입니다. 모두 ☐ 개입니다.

32

7단 곱셈식으로 나타내기

🎯 다음 덧셈식을 곱셈식으로 나타내세요.

덧셈식		곱셈식
	7	$7 \times 1 = \boxed{7}$
	$7+7=14$	$7 \times 2 = \boxed{}$
	$7+7+7=21$	$7 \times 3 = \boxed{}$
$7+7+7+7=28$		$7 \times 4 = \boxed{}$
$7+7+7+7+7=35$		$7 \times 5 = \boxed{}$
$7+7+7+7+7+7=42$		$7 \times 6 = \boxed{}$
$7+7+7+7+7+7+7=49$		$7 \times 7 = \boxed{}$
$7+7+7+7+7+7+7+7=56$		$7 \times 8 = \boxed{}$
$7+7+7+7+7+7+7+7+7=63$		$7 \times 9 = \boxed{}$

🎯 ☐ 안에 알맞은 수를 써넣으세요.

몇씩 몇 묶음	몇 배	곱셈식
7씩 1묶음	7의 ☐1 배	$7 \times 1 =$ ☐7
7씩 2묶음	7의 ☐ 배	$7 \times 2 =$ ☐
7씩 3묶음	7의 ☐ 배	$7 \times 3 =$ ☐
7씩 4묶음	7의 ☐ 배	$7 \times 4 =$ ☐
7씩 5묶음	7의 ☐ 배	$7 \times 5 =$ ☐
7씩 6묶음	7의 ☐ 배	$7 \times 6 =$ ☐
7씩 7묶음	7의 ☐ 배	$7 \times 7 =$ ☐
7씩 8묶음	7의 ☐ 배	$7 \times 8 =$ ☐
7씩 9묶음	☐의 ☐ 배	$7 \times 9 =$ ☐

7단 읽고 쓰기

🎯 그림을 보고 ☐ 안에 알맞은 수를 써넣으세요.

7씩 늘어나는 나뭇잎의 수	읽고 쓰기
7	$7 \times 1 = \boxed{}$ 칠 일은 칠
7 + 7	$7 \times 2 = \boxed{}$ 칠 이 십사
7 + 7 + 7	$7 \times 3 = \boxed{}$ 칠 삼 이십일
7 + 7 + 7 + 7	$7 \times 4 = \boxed{}$ 칠 사 이십팔
7 + 7 + 7 + 7 + 7	$7 \times 5 = \boxed{}$ 칠 오 삼십오
7 + 7 + 7 + 7 + 7 + 7	$7 \times 6 = \boxed{}$ 칠 육 사십이
7 + 7 + 7 + 7 + 7 + 7 + 7	$7 \times 7 = \boxed{}$ 칠 칠 사십구
7 + 7 + 7 + 7 + 7 + 7 + 7 + 7	$7 \times 8 = \boxed{}$ 칠 팔 오십육
7 + 7 + 7 + 7 + 7 + 7 + 7 + 7 + 7	$7 \times 9 = \boxed{}$ 칠 구 육십삼

◎ **7단을 소리 내어 읽으면서 곱셈식을 써 보세요.**

❶ 칠 일은 칠 ➡ $\boxed{} \times \boxed{} = \boxed{}$

❷ 칠 이 십사 ➡ $\boxed{} \times \boxed{} = \boxed{}$

❸ 칠 삼 이십일 ➡

❹ 칠 사 이십팔 ➡

❺ 칠 오 삼십오 ➡

❻ 칠 육 사십이 ➡

❼ 칠 칠 사십구 ➡

❽ 칠 팔 오십육 ➡

❾ 칠 구 육십삼 ➡

🎯 □ 안에 알맞은 수를 써넣으세요.

❶ $7 \times 1 =$ □

❷ $7 \times 2 =$ □

❸ $7 \times 3 =$ □

❹ $7 \times 4 =$ □

❺ $7 \times 5 =$ □

❻ $7 \times 6 =$ □

❼ $7 \times 7 =$ □

❽ $7 \times 8 =$ □

❾ $7 \times 9 =$ □

❿ $7 \times 3 =$ □

⓫ $7 \times 8 =$ □

⓬ $7 \times 4 =$ □

⓭ $7 \times 7 =$ □

⓮ $7 \times 1 =$ □

⓯ $7 \times 2 =$ □

⓰ $7 \times 6 =$ □

⓱ $7 \times 5 =$ □

⓲ $7 \times 9 =$ □

🎯 ☐ 안에 알맞은 수를 써넣으세요.

❶ $7 \times 6 =$ ☐

❷ $7 \times 3 =$ ☐

❸ $7 \times 2 =$ ☐

❹ $7 \times 8 =$ ☐

❺ $7 \times 9 =$ ☐

❻ $7 \times 7 =$ ☐

❼ $7 \times 4 =$ ☐

❽ $7 \times 1 =$ ☐

❾ $7 \times 5 =$ ☐

❿ $7 \times 9 =$ ☐

⓫ $7 \times 8 =$ ☐

⓬ $7 \times 7 =$ ☐

⓭ $7 \times 6 =$ ☐

⓮ $7 \times 5 =$ ☐

⓯ $7 \times 4 =$ ☐

⓰ $7 \times 3 =$ ☐

⓱ $7 \times 2 =$ ☐

⓲ $7 \times 1 =$ ☐

$7 \times 6 = 42$인 이유를 설명해 보세요.

7부터 7씩 뛰어 센 수를 모두 찾아 색칠해 보세요.

12 22 35 42 49 63 70
7 25 28 45 56 77 80
14 21 32 48 52 72 84

두 수의 곱을 찾아 색칠해 보세요.

7×11
77 70 75

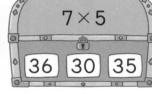
7×5
36 30 35

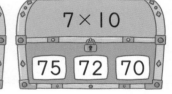
7×10
75 72 70

7×4
29 28 32

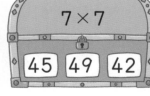
7×7
45 49 42

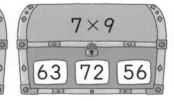
7×9
63 72 56

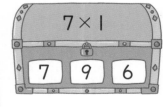
7×1
7 9 6

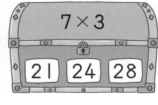
7×3
21 24 28

7×12
80 84 81

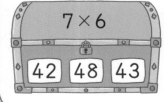
7×6
42 48 43

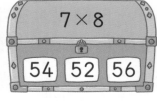
7×8
54 52 56

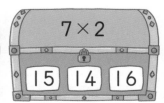
7×2
15 14 16

🎯 **그림을 보고 곱셈식으로 나타내세요.**

① 공 4개의 별의 수는?

→ ☐ × ☐ = ☐

② 7카드 8장의 나뭇잎 모양은 모두 몇 개인가요?

→ ☐ × ☐ = ☐

🎯 **곱셈식을 보고 알맞게 색칠하세요.**

③ $7 \times 3 = 21$

④ $7 \times 5 = 35$

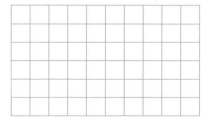

⑤ $7 \times 6 = 42$

⑥ $7 \times 4 = 28$

🎯 그림을 보고 빈칸에 알맞은 수를 써넣으세요.

①

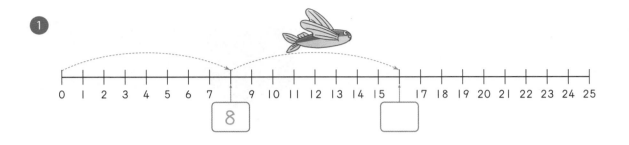

②

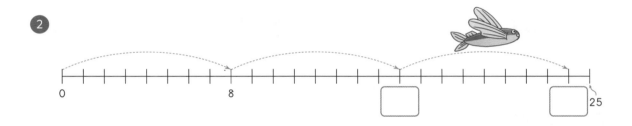

③

④

🎯 **그림을 보고 ⬜ 안에 알맞은 수를 써넣으세요.**

①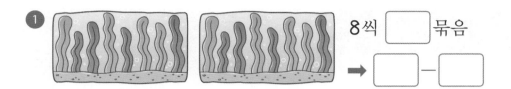

8씩 ⬜ 묶음

➡ ⬜ － ⬜

②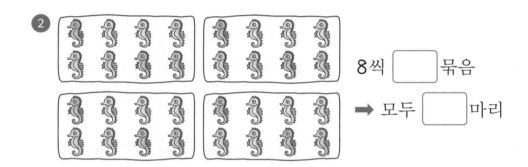

8씩 ⬜ 묶음

➡ 모두 ⬜ 마리

③

8씩 ⬜ 묶음입니다. 모두 ⬜ 개입니다.

④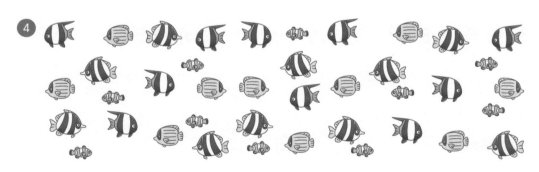

8씩 ⬜ 묶음입니다. 모두 ⬜ 마리입니다.

37

8단 곱셈식으로 나타내기

🎯 다음 덧셈식을 곱셈식으로 나타내세요.

덧셈식		곱셈식
	8	$8 \times 1 = \boxed{8}$
	$8+8=16$	$8 \times 2 = \boxed{}$
	$8+8+8=24$	$8 \times 3 = \boxed{}$
$8+8+8+8=32$		$8 \times 4 = \boxed{}$
$8+8+8+8+8=40$		$8 \times 5 = \boxed{}$
$8+8+8+8+8+8=48$		$8 \times 6 = \boxed{}$
$8+8+8+8+8+8+8=56$		$8 \times 7 = \boxed{}$
$8+8+8+8+8+8+8+8=64$		$8 \times 8 = \boxed{}$
$8+8+8+8+8+8+8+8+8=72$		$8 \times 9 = \boxed{}$

🎯 ☐ 안에 알맞은 수를 써넣으세요.

몇씩 몇 묶음	몇 배	곱셈식
8씩 1묶음	8의 ☐1☐ 배	8×1= ☐8☐
8씩 2묶음	8의 ☐ 배	8×2= ☐
8씩 3묶음	8의 ☐ 배	8×3= ☐
8씩 4묶음	8의 ☐ 배	8×4= ☐
8씩 5묶음	8의 ☐ 배	8×5= ☐
8씩 6묶음	8의 ☐ 배	8×6= ☐
8씩 7묶음	8의 ☐ 배	8×7= ☐
8씩 8묶음	8의 ☐ 배	8×8= ☐
8씩 9묶음	☐의 ☐ 배	8×9= ☐

38

8단 읽고 쓰기

🎯 그림을 보고 ☐ 안에 알맞은 수를 써넣으세요.

8씩 늘어나는 문어 다리의 수	읽고 쓰기
8	$8 \times 1 = \boxed{}$ 팔 일은 팔
8 + 8	$8 \times 2 = \boxed{}$ 팔 이 십육
8 + 8 + 8	$8 \times 3 = \boxed{}$ 팔 삼 이십사
8 + 8 + 8 + 8	$8 \times 4 = \boxed{}$ 팔 사 삼십이
8 + 8 + 8 + 8 + 8	$8 \times 5 = \boxed{}$ 팔 오 사십
8 + 8 + 8 + 8 + 8 + 8	$8 \times 6 = \boxed{}$ 팔 육 사십팔
8 + 8 + 8 + 8 + 8 + 8 + 8	$8 \times 7 = \boxed{}$ 팔 칠 오십육
8 + 8 + 8 + 8 + 8 + 8 + 8 + 8	$8 \times 8 = \boxed{}$ 팔 팔 육십사
8 + 8 + 8 + 8 + 8 + 8 + 8 + 8 + 8	$8 \times 9 = \boxed{}$ 팔 구 칠십이

🎯 **8단을 소리 내어 읽으면서 곱셈식을 써 보세요.**

❶ 팔 일은 팔 ➡ $\boxed{} \times \boxed{} = \boxed{}$

❷ 팔 이 십육 ➡ $\boxed{} \times \boxed{} = \boxed{}$

❸ 팔 삼 이십사 ➡

❹ 팔 사 삼십이 ➡

❺ 팔 오 사십 ➡

❻ 팔 육 사십팔 ➡

❼ 팔 칠 오십육 ➡

❽ 팔 팔 육십사 ➡

❾ 팔 구 칠십이 ➡

🎯 □ 안에 알맞은 수를 써넣으세요.

1 $8 \times 1 =$ ☐

2 $8 \times 2 =$ ☐

3 $8 \times 3 =$ ☐

4 $8 \times 4 =$ ☐

5 $8 \times 5 =$ ☐

6 $8 \times 6 =$ ☐

7 $8 \times 7 =$ ☐

8 $8 \times 8 =$ ☐

9 $8 \times 9 =$ ☐

10 $8 \times 3 =$ ☐

11 $8 \times 7 =$ ☐

12 $8 \times 4 =$ ☐

13 $8 \times 2 =$ ☐

14 $8 \times 1 =$ ☐

15 $8 \times 6 =$ ☐

16 $8 \times 9 =$ ☐

17 $8 \times 5 =$ ☐

18 $8 \times 8 =$ ☐

🎯 ☐ 안에 알맞은 수를 써넣으세요.

① $8 \times 8 =$ ☐

② $8 \times 2 =$ ☐

③ $8 \times 3 =$ ☐

④ $8 \times 9 =$ ☐

⑤ $8 \times 6 =$ ☐

⑥ $8 \times 1 =$ ☐

⑦ $8 \times 5 =$ ☐

⑧ $8 \times 7 =$ ☐

⑨ $8 \times 4 =$ ☐

⑩ $8 \times 9 =$ ☐

⑪ $8 \times 8 =$ ☐

⑫ $8 \times 7 =$ ☐

⑬ $8 \times 6 =$ ☐

⑭ $8 \times 5 =$ ☐

⑮ $8 \times 4 =$ ☐

⑯ $8 \times 3 =$ ☐

⑰ $8 \times 2 =$ ☐

⑱ $8 \times 1 =$ ☐

$8 \times 9 = 72$인 이유를 설명해 보세요.

✕ 8부터 8씩 뛰어 센 수를 모두 찾아 색칠해 보세요.

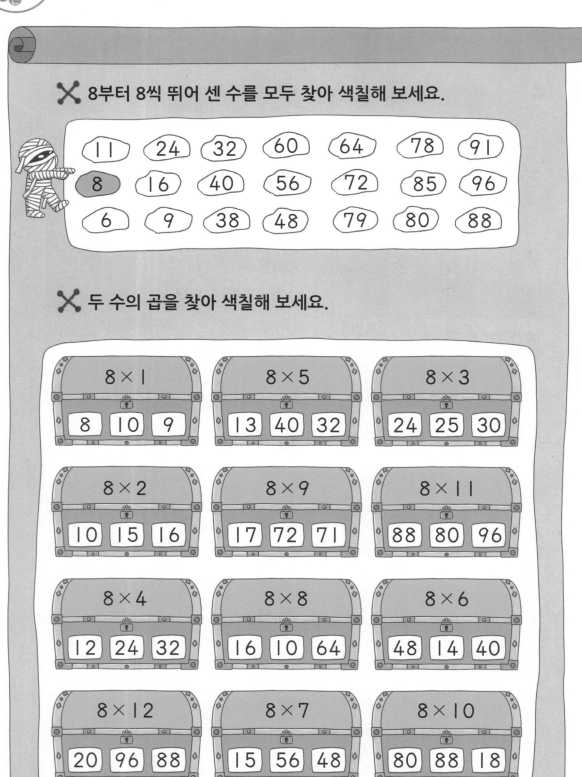

✕ 두 수의 곱을 찾아 색칠해 보세요.

8 × 1	8 × 5	8 × 3
8　10　9	13　40　32	24　25　30

8 × 2	8 × 9	8 × 11
10　15　16	17　72　71	88　80　96

8 × 4	8 × 8	8 × 6
12　24　32	16　10　64	48　14　40

8 × 12	8 × 7	8 × 10
20　96　88	15　56　48	80　88　18

🎯 **그림을 보고 곱셈식으로 나타내세요.**

① 조개 목걸이 5개를 만드는 데
필요한 조개 수는?

➡ ⬚ × ⬚ = ⬚

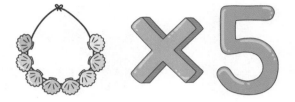

ㄱ게 I마리의 다리는 8개예요.
② 게 9마리의 다리는 모두 몇 개인가요?

➡ ⬚ × ⬚ = ⬚

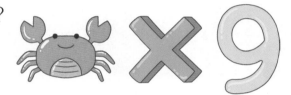

🎯 **곱셈식을 보고 알맞게 색칠하세요.**

③ 8 × 2 = 16

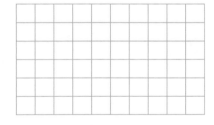

④ 8 × 4 = 32

⑤ 8 × 3 = 24

⑥ 8 × 6 = 48

93

41 단원 9씩 뛰어 세기와 묶어 세기

🎯 그림을 보고 빈칸에 알맞은 수를 써넣으세요.

1

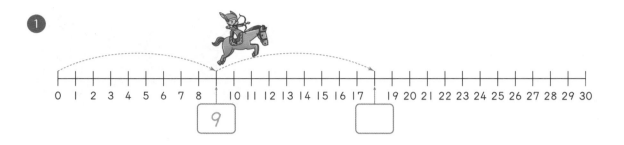

2

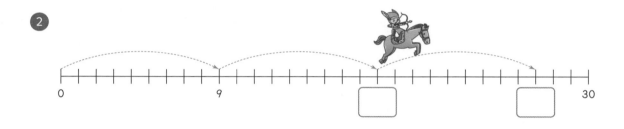

3

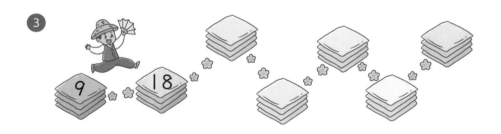

4

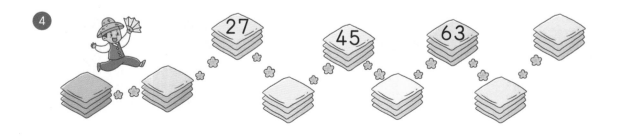

그림을 보고 ☐ 안에 알맞은 수를 써넣으세요.

1

9씩 ☐ 묶음

➡ ☐ - ☐

2

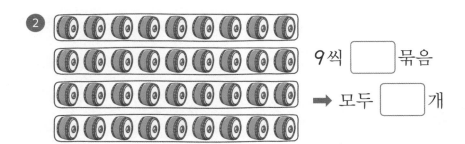

9씩 ☐ 묶음

➡ 모두 ☐ 개

3

9씩 ☐ 묶음입니다. 모두 ☐ 명입니다.

4

9씩 ☐ 묶음입니다. 모두 ☐ 개입니다.

42

9단 곱셈식으로 나타내기

🎯 **다음 덧셈식을 곱셈식으로 나타내세요.**

덧셈식	곱셈식
구절판은 9가지 재료를 담은 한국 전통 음식이에요. 9	$9 \times 1 = \boxed{9}$
$9 + 9 = 18$	$9 \times 2 = \boxed{}$
$9 + 9 + 9 = 27$	$9 \times 3 = \boxed{}$
$9 + 9 + 9 + 9 = 36$	$9 \times 4 = \boxed{}$
$9 + 9 + 9 + 9 + 9 = 45$	$9 \times 5 = \boxed{}$
$9 + 9 + 9 + 9 + 9 + 9 = 54$	$9 \times 6 = \boxed{}$
$9 + 9 + 9 + 9 + 9 + 9 + 9 = 63$	$9 \times 7 = \boxed{}$
$9 + 9 + 9 + 9 + 9 + 9 + 9 + 9 = 72$	$9 \times 8 = \boxed{}$
$9 + 9 + 9 + 9 + 9 + 9 + 9 + 9 + 9 = 81$	$9 \times 9 = \boxed{}$

🎯 □ 안에 알맞은 수를 써넣으세요.

몇씩 몇 묶음	몇 배	곱셈식
9씩 1묶음	9의 $\boxed{1}$ 배	$9 \times 1 = \boxed{9}$
9씩 2묶음	9의 $\boxed{}$ 배	$9 \times 2 = \boxed{}$
9씩 3묶음	9의 $\boxed{}$ 배	$9 \times 3 = \boxed{}$
9씩 4묶음	9의 $\boxed{}$ 배	$9 \times 4 = \boxed{}$
9씩 5묶음	9의 $\boxed{}$ 배	$9 \times 5 = \boxed{}$
9씩 6묶음	9의 $\boxed{}$ 배	$9 \times 6 = \boxed{}$
9씩 7묶음	9의 $\boxed{}$ 배	$9 \times 7 = \boxed{}$
9씩 8묶음	9의 $\boxed{}$ 배	$9 \times 8 = \boxed{}$
9씩 9묶음	$\boxed{}$의 $\boxed{}$ 배	$9 \times 9 = \boxed{}$

43

9단 읽고 쓰기

🎯 그림을 보고 ☐ 안에 알맞은 수를 써넣으세요.

┌엽전은 옛날에 사용하던 돈이에요.

9씩 늘어나는 엽전의 개수	읽고 쓰기
9	$9 \times 1 = \boxed{}$ 구 일은 구
9 + 9 +9	$9 \times 2 = \boxed{}$ 구 이 십팔
9 + 9 + 9 +9	$9 \times 3 = \boxed{}$ 구 삼 이십칠
9 + 9 + 9 + 9 +9	$9 \times 4 = \boxed{}$ 구 사 삼십육
9 + 9 + 9 + 9 + 9 +9	$9 \times 5 = \boxed{}$ 구 오 사십오
9 + 9 + 9 + 9 + 9 + 9 +9	$9 \times 6 = \boxed{}$ 구 육 오십사
9 + 9 + 9 + 9 + 9 + 9 + 9 +9	$9 \times 7 = \boxed{}$ 구 칠 육십삼
9 + 9 + 9 + 9 + 9 + 9 + 9 + 9 +9	$9 \times 8 = \boxed{}$ 구 팔 칠십이
9 + 9 + 9 + 9 + 9 + 9 + 9 + 9 + 9	$9 \times 9 = \boxed{}$ 구 구 팔십일

◎ **9단을 소리 내어 읽으면서 곱셈식을 써 보세요.**

❶ 구 일은 구 ➡ ☐ × ☐ = ☐

❷ 구 이 십팔 ➡ ☐ × ☐ = ☐

❸ 구 삼 이십칠 ➡

❹ 구 사 삼십육 ➡

❺ 구 오 사십오 ➡

❻ 구 육 오십사 ➡

❼ 구 칠 육십삼 ➡

❽ 구 팔 칠십이 ➡

❾ 구 구 팔십일 ➡

44

9단 연습하기

🎯 ☐ 안에 알맞은 수를 써넣으세요.

① $9 \times 1 =$ ☐

② $9 \times 2 =$ ☐

③ $9 \times 3 =$ ☐

④ $9 \times 4 =$ ☐

⑤ $9 \times 5 =$ ☐

⑥ $9 \times 6 =$ ☐

⑦ $9 \times 7 =$ ☐

⑧ $9 \times 8 =$ ☐

⑨ $9 \times 9 =$ ☐

⑩ $9 \times 6 =$ ☐

⑪ $9 \times 8 =$ ☐

⑫ $9 \times 2 =$ ☐

⑬ $9 \times 3 =$ ☐

⑭ $9 \times 9 =$ ☐

⑮ $9 \times 7 =$ ☐

⑯ $9 \times 1 =$ ☐

⑰ $9 \times 4 =$ ☐

⑱ $9 \times 5 =$ ☐

🎯 □ 안에 알맞은 수를 써넣으세요.

① $9 \times 3 = $ ☐

② $9 \times 2 = $ ☐

③ $9 \times 4 = $ ☐

④ $9 \times 7 = $ ☐

⑤ $9 \times 9 = $ ☐

⑥ $9 \times 6 = $ ☐

⑦ $9 \times 8 = $ ☐

⑧ $9 \times 5 = $ ☐

⑨ $9 \times 1 = $ ☐

⑩ $9 \times 9 = $ ☐

⑪ $9 \times 8 = $ ☐

⑫ $9 \times 7 = $ ☐

⑬ $9 \times 6 = $ ☐

⑭ $9 \times 5 = $ ☐

⑮ $9 \times 4 = $ ☐

⑯ $9 \times 3 = $ ☐

⑰ $9 \times 2 = $ ☐

⑱ $9 \times 1 = $ ☐

$9 \times 5 = 45$인 이유를 설명해 보세요.

9단 사고력 키우기

✗ 9부터 9씩 뛰어 센 수를 모두 찾아 색칠해 보세요.

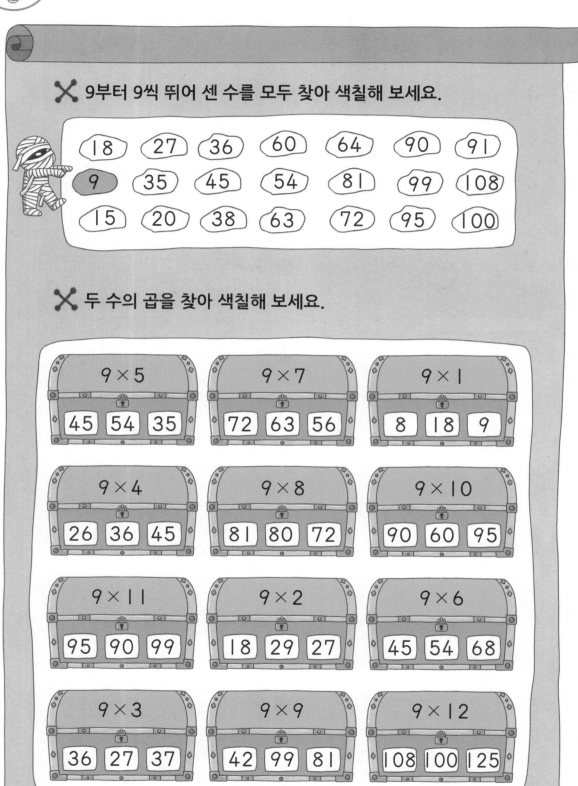

18　27　36　60　64　90　91

9　35　45　54　81　99　108

15　20　38　63　72　95　100

✗ 두 수의 곱을 찾아 색칠해 보세요.

9×5	9×7	9×1
45　54　35	72　63　56	8　18　9

9×4	9×8	9×10
26　36　45	81　80　72	90　60　95

9×11	9×2	9×6
95　90　99	18　29　27	45　54　68

9×3	9×9	9×12
36　27　37	42　99　81	108　100　125

🎯 **그림을 보고 곱셈식으로 나타내세요.**

① 한과 세트 **4**상자에 들어있는
한과의 수는?

➡ ☐ × ☐ = ☐

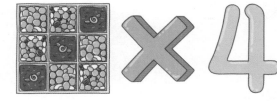

② 서랍장 **7**개의 서랍은 모두
몇 개인가요?

➡ ☐ × ☐ = ☐

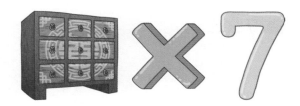

🎯 **곱셈식을 보고 알맞게 색칠하세요.**

③ $9 \times 2 = 18$

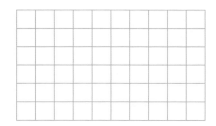

④ $9 \times 1 = 9$

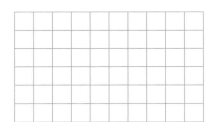

⑤ $9 \times 6 = 54$

⑥ $9 \times 4 = 36$

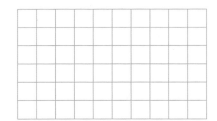

🎯 ☐ 안에 알맞은 수를 써넣으세요.

❶ $6 \times 3 =$ ☐

❷ $6 \times 5 =$ ☐

❸ $7 \times 4 =$ ☐

❹ $7 \times 7 =$ ☐

❺ $8 \times 9 =$ ☐

❻ $8 \times 6 =$ ☐

❼ $9 \times 9 =$ ☐

❽ $9 \times 5 =$ ☐

❾ $9 \times 3 =$ ☐

❿ $7 \times 1 =$ ☐

⓫ $8 \times 8 =$ ☐

⓬ $6 \times 2 =$ ☐

⓭ $9 \times 6 =$ ☐

⓮ $7 \times 9 =$ ☐

⓯ $8 \times 7 =$ ☐

⓰ $9 \times 8 =$ ☐

⓱ $6 \times 4 =$ ☐

⓲ $7 \times 6 =$ ☐

🎯 ☐ 안에 알맞은 수를 써넣으세요.

① $9 \times 2 =$ ☐   ⑩ $7 \times 8 =$ ☐

② $6 \times 1 =$ ☐   ⑪ $8 \times 1 =$ ☐

③ $8 \times 4 =$ ☐   ⑫ $6 \times 7 =$ ☐

④ $7 \times 5 =$ ☐   ⑬ $9 \times 1 =$ ☐

⑤ $8 \times 2 =$ ☐   ⑭ $8 \times 3 =$ ☐

⑥ $7 \times 3 =$ ☐   ⑮ $8 \times 5 =$ ☐

⑦ $6 \times 9 =$ ☐   ⑯ $9 \times 7 =$ ☐

⑧ $9 \times 4 =$ ☐   ⑰ $6 \times 8 =$ ☐

⑨ $7 \times 2 =$ ☐   ⑱ $6 \times 6 =$ ☐

🎯 곱셈표를 완성해 보세요.

❶

×	1	2	3	4	5	6	7	8	9
6									

❷

×	1	2	3	4	5	6	7	8	9
7									

❸

×	6
9	
8	
7	
6	
5	
4	
3	
2	
1	

❹

×	7
9	
8	
7	
6	
5	
4	
3	
2	
1	

🎯 **곱셈표를 완성해 보세요.**

1

×	1	2	3	4	5	6	7	8	9
8									

2

×	1	2	3	4	5	6	7	8	9
9									

3

×	8
9	
8	
7	
6	
5	
4	
3	
2	
1	

4

×	9
9	
8	
7	
6	
5	
4	
3	
2	
1	

🎯 빈칸에 알맞은 수를 써넣으세요.

1

×	3	5
6		
7		

2

×	7	8
6		
7		

3

×	2	4
8		
9		

4

×	6	9
8		
9		

5

×	2	4	8
6			
7			
9			

6

×	3	5	7
6			
8			
9			

🎯 빈칸에 알맞은 수를 써넣으세요.

①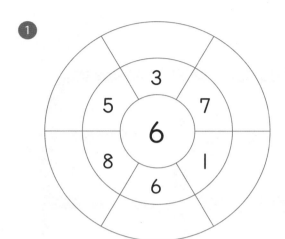

②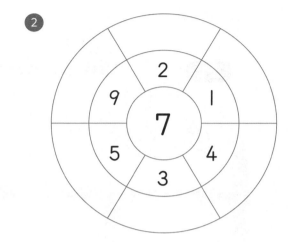

도전 🚀
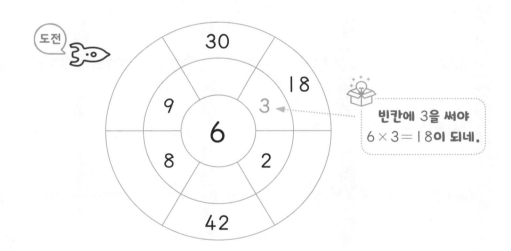

빈칸에 3을 써야
$6 \times 3 = 18$이 되네.

③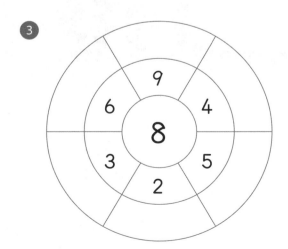

④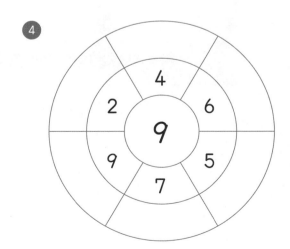

49 6~9단 실전문제 3

바르게 계산한 곱셈식을 따라 선을 그어 보세요.

출발

$6 \times 7 = 42$ $8 \times 4 = 32$ $7 \times 9 = 67$

$8 \times 6 = 45$ $9 \times 4 = 38$ $7 \times 5 = 35$ $9 \times 3 = 29$

$6 \times 3 = 19$ $7 \times 4 = 26$ $6 \times 6 = 36$ $9 \times 6 = 56$

$7 \times 3 = 28$ $8 \times 3 = 26$ $9 \times 8 = 72$

🎯 **바르게 계산한 곱셈식을 모두 찾아 색칠해 보세요.**

6×3=13	7×5=30	6×9=18	8×3=24	9×7=16	7×3=9	8×7=30
7×2=15	9×2=18	6×6=36	9×8=72	7×9=63	6×8=48	9×9=82
6×2=12	8×7=56	7×7=49	6×5=30	8×5=40	7×4=28	6×4=24
9×5=45	6×2=6	8×4=22	7×1=7	8×8=36	6×5=20	9×6=54
8×7=14	7×4=32	9×1=8	6×9=54	9×2=16	7×9=6	8×9=45
9×7=62	6×4=12	7×3=15	8×8=64	6×3=25	8×7=28	9×3=29
7×3=25	8×6=15	6×7=42	9×3=27	7×9=18	9×4=35	8×7=16

🎯 바른 답이 적힌 사다리를 찾아 길을 표시하고, 만날 수 있는 동물에 ◯표 해 보세요.

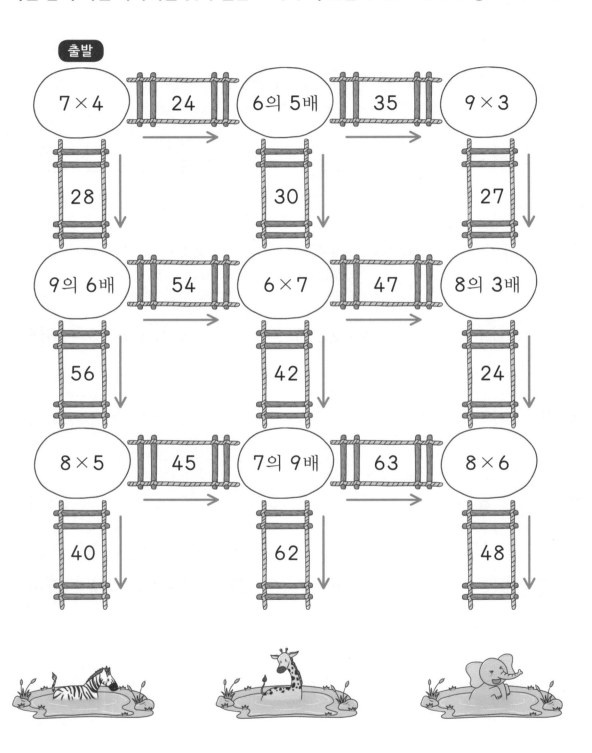

출발

7×4	24	6의 5배	35	9×3
28		30		27
9의 6배	54	6×7	47	8의 3배
56		42		24
8×5	45	7의 9배	63	8×6
40		62		48

🎯 **그림을 보고 성냥개비의 수를 곱셈식으로 나타내세요.**

①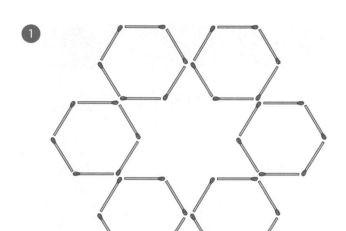

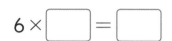$6 \times \boxed{} = \boxed{}$

②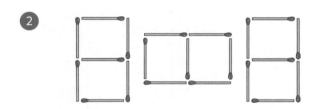

$7 \times \boxed{} = \boxed{}$

③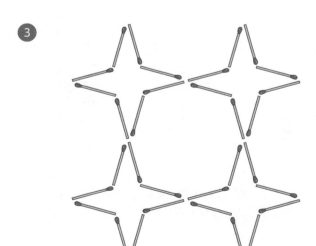

$\boxed{} \times \boxed{} = \boxed{}$

1단 곱셈식으로 나타내기

🎯 그림을 보고 ☐ 안에 알맞은 수를 써넣으세요.

1씩 늘어나는 장미꽃의 수	곱셈식
1	1 × 1 = ☐
1 + 1 +1	1 × 2 = ☐
1 + 1 + 1 +1	1 × 3 = ☐
1 + 1 + 1 + 1 +1	1 × 4 = ☐
1 + 1 + 1 + 1 + 1 +1	1 × 5 = ☐
1 + 1 + 1 + 1 + 1 + 1 +1	1 × 6 = ☐
1 + 1 + 1 + 1 + 1 + 1 + 1 +1	1 × 7 = ☐
1 + 1 + 1 + 1 + 1 + 1 + 1 + 1 +1	1 × 8 = ☐
1 + 1 + 1 + 1 + 1 + 1 + 1 + 1 + 1 +1	1 × 9 = ☐

1×(어떤 수)＝(어떤 수)
(어떤 수)×1＝(어떤 수)

1과 어떤 수를 곱하면 항상 어떤 수가 돼요.

🎯 빈칸에 알맞은 수를 써넣으세요.

1

2 1 + 1 = ☐1 × ☐2 = ☐2

3 1 + 1 + 1 = ☐ × ☐ = ☐

4 1 + 1 + 1 + 1 + 1 = ☐ × ☐ = ☐

5 1의 7배 ➡ ☐ × ☐ = ☐

6 1의 6배 ➡ ☐ × ☐ = ☐

7 1의 8배 ➡ ☐ × ☐ = ☐

8 1 × 1 = ☐

9 1 × 9 = ☐

10 1 × 4 = ☐

0단 곱셈식으로 나타내기

🎯 그림을 보고 ☐ 안에 알맞은 수를 써넣으세요.

0씩 늘어나는 장미꽃의 수	곱셈식
0	$0 \times 1 = \boxed{}$
0 + 0 +0	$0 \times 2 = \boxed{}$
0 + 0 + 0 +0	$0 \times 3 = \boxed{}$
0 + 0 + 0 + 0 +0	$0 \times 4 = \boxed{}$
0 + 0 + 0 + 0 + 0 +0	$0 \times 5 = \boxed{}$
0 + 0 + 0 + 0 + 0 + 0 +0	$0 \times 6 = \boxed{}$
0 + 0 + 0 + 0 + 0 + 0 + 0 +0	$0 \times 7 = \boxed{}$
0 + 0 + 0 + 0 + 0 + 0 + 0 + 0 +0	$0 \times 8 = \boxed{}$
0 + 0 + 0 + 0 + 0 + 0 + 0 + 0 + 0	$0 \times 9 = \boxed{}$

$0 \times (\text{어떤 수}) = 0$
$(\text{어떤 수}) \times 0 = 0$

0과 어떤 수를 곱하면 항상 0이 돼요.

🎯 **빈칸에 알맞은 수를 써넣으세요.**

①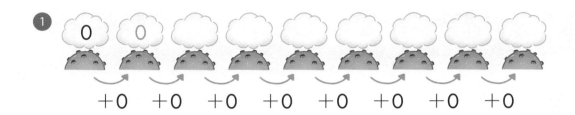

② $0+0+0+0=\boxed{0}\times\boxed{4}=\boxed{0}$

③ $0+0=\boxed{}\times\boxed{}=\boxed{}$

④ $0+0+0+0+0+0=\boxed{}\times\boxed{}=\boxed{}$

⑤ 0의 7배 ➡ $\boxed{}\times\boxed{}=\boxed{}$

⑥ 0의 3배 ➡ $\boxed{}\times\boxed{}=\boxed{}$

⑦ 0의 9배 ➡ $\boxed{}\times\boxed{}=\boxed{}$

⑧ $0\times5=\boxed{}$

⑨ $0\times8=\boxed{}$

⑩ $0\times1=\boxed{}$

10단 곱셈식으로 나타내기

🎯 그림을 보고 ☐ 안에 알맞은 수를 써넣으세요.

10씩 늘어나는 포도알의 수	곱셈식
10	$10 \times 1 = \boxed{}$
10 + 10 +10	$10 \times 2 = \boxed{}$
10 + 10 + 10 +10	$10 \times 3 = \boxed{}$
10 + 10 + 10 + 10 +10	$10 \times 4 = \boxed{}$
10 + 10 + 10 + 10 + 10 +10	$10 \times 5 = \boxed{}$
10 + 10 + 10 + 10 + 10 + 10 +10	$10 \times 6 = \boxed{}$
10 + 10 + 10 + 10 + 10 + 10 + 10 +10	$10 \times 7 = \boxed{}$
10 + 10 + 10 + 10 + 10 + 10 + 10 + 10 +10	$10 \times 8 = \boxed{}$
10 + 10 + 10 + 10 + 10 + 10 + 10 + 10 + 10	$10 \times 9 = \boxed{}$

🎯 **빈칸에 알맞은 수를 써넣으세요.**

①

$+10$ $+10$ $+10$ $+10$ $+10$ $+10$ $+10$ $+10$

② $10+10=\boxed{10}\times\boxed{2}=\boxed{20}$

③ $10+10+10+10=\boxed{}\times\boxed{}=\boxed{}$

④ $10+10+10+10+10=\boxed{}\times\boxed{}=\boxed{}$

⑤ 10의 3배 ➡ $\boxed{}\times\boxed{}=\boxed{}$

⑥ 10의 9배 ➡ $\boxed{}\times\boxed{}=\boxed{}$

⑦ 10의 8배 ➡ $\boxed{}\times\boxed{}=\boxed{}$

⑧ $10\times1=\boxed{}$

⑨ $10\times6=\boxed{}$

⑩ $10\times7=\boxed{}$

🎯 ☐ 안에 알맞은 수를 써넣으세요.

1 $1 \times 2 =$ ☐

2 $0 \times 2 =$ ☐

3 $10 \times 3 =$ ☐

4 $10 \times 7 =$ ☐

5 $1 \times 3 =$ ☐

6 $1 \times 6 =$ ☐

7 $0 \times 9 =$ ☐

8 $10 \times 1 =$ ☐

9 $0 \times 7 =$ ☐

10 $1 \times 1 =$ ☐

11 $10 \times 6 =$ ☐

12 $0 \times 8 =$ ☐

13 $10 \times 9 =$ ☐

14 $1 \times 5 =$ ☐

15 $10 \times 4 =$ ☐

16 $0 \times 6 =$ ☐

17 $1 \times 8 =$ ☐

18 $0 \times 4 =$ ☐

🎯 ☐ 안에 알맞은 수를 써넣으세요.

① $1 \times 9 =$ ☐

② $10 \times 2 =$ ☐

③ $1 \times 7 =$ ☐

④ $0 \times 5 =$ ☐

⑤ $10 \times 5 =$ ☐

⑥ $0 \times 1 =$ ☐

⑦ $1 \times 4 =$ ☐

⑧ $10 \times 8 =$ ☐

⑨ $0 \times 3 =$ ☐

⑩ $1 \times 3 =$ ☐

⑪ $0 \times 6 =$ ☐

⑫ $1 \times 9 =$ ☐

⑬ $0 \times 2 =$ ☐

⑭ $10 \times 4 =$ ☐

⑮ $0 \times 4 =$ ☐

⑯ $1 \times 5 =$ ☐

⑰ $10 \times 9 =$ ☐

⑱ $10 \times 5 =$ ☐

0, 1, 10단 사고력 키우기

🎯 **그림을 보고 곱셈식으로 나타내세요.**

① 장미꽃은 모두 몇 송이인가요?

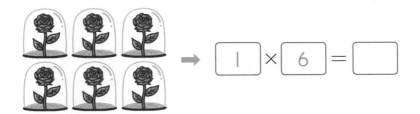

$$\boxed{1} \times \boxed{6} = \boxed{}$$

② 장미꽃은 모두 몇 송이인가요?

$$\boxed{} \times \boxed{} = \boxed{}$$

③ 장미꽃은 모두 몇 송이인가요?

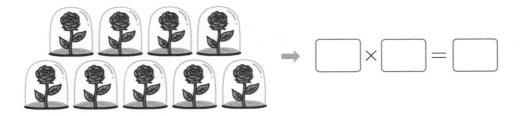

$$\boxed{} \times \boxed{} = \boxed{}$$

④ 장미꽃은 모두 몇 송이인가요?

$$\boxed{} \times \boxed{} = \boxed{}$$

🎯 **그림을 보고 곱셈식으로 나타내세요.**

① 어린 왕자 별자리 **3**개를 그리는 데
   필요한 별은 모두 몇 개인가요?

➡ ⬚ × ⬚ = ⬚

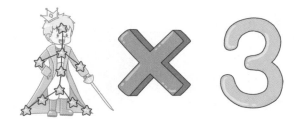

② 사람 **7**명의 손가락은
   모두 몇 개인가요?

➡ ⬚ × ⬚ = ⬚

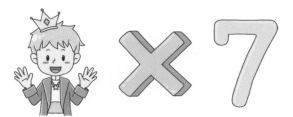

③ 뱀 **5**마리의 다리는
   모두 몇 개인가요?

➡ ⬚ × ⬚ = ⬚

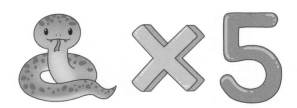

④ 여우 **6**마리의 꼬리는
   모두 몇 개인가요?

➡ ⬚ × ⬚ = ⬚

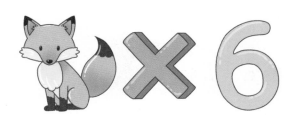

🎯 ☐ 안에 알맞은 수를 써넣으세요.

❶ $1 \times 2 =$ ☐

❷ $0 \times 5 =$ ☐

❸ $3 \times 3 =$ ☐

❹ $10 \times 7 =$ ☐

❺ $5 \times 3 =$ ☐

❻ $6 \times 6 =$ ☐

❼ $4 \times 9 =$ ☐

❽ $9 \times 1 =$ ☐

❾ $6 \times 7 =$ ☐

❿ $4 \times 1 =$ ☐

⓫ $8 \times 6 =$ ☐

⓬ $7 \times 8 =$ ☐

⓭ $5 \times 9 =$ ☐

⓮ $2 \times 5 =$ ☐

⓯ $3 \times 4 =$ ☐

⓰ $0 \times 6 =$ ☐

⓱ $1 \times 8 =$ ☐

⓲ $6 \times 4 =$ ☐

🎯 ☐ 안에 알맞은 수를 써넣으세요.

1 $1 \times 9 =$ ☐   **10** $6 \times 3 =$ ☐

2 $2 \times 2 =$ ☐   **11** $9 \times 6 =$ ☐

3 $7 \times 7 =$ ☐   **12** $3 \times 9 =$ ☐

4 $6 \times 5 =$ ☐   **13** $5 \times 2 =$ ☐

5 $10 \times 5 =$ ☐   **14** $8 \times 4 =$ ☐

6 $4 \times 1 =$ ☐   **15** $9 \times 4 =$ ☐

7 $8 \times 4 =$ ☐   **16** $7 \times 5 =$ ☐

8 $3 \times 8 =$ ☐   **17** $3 \times 9 =$ ☐

9 $0 \times 3 =$ ☐   **18** $2 \times 5 =$ ☐

🎯 □ 안에 알맞은 수를 써넣으세요.

① $4 \times 8 =$ ☐

② $2 \times 6 =$ ☐

③ $1 \times 7 =$ ☐

④ $5 \times 3 =$ ☐

⑤ $8 \times 6 =$ ☐

⑥ $2 \times 4 =$ ☐

⑦ $3 \times 1 =$ ☐

⑧ $0 \times 9 =$ ☐

⑨ $7 \times 2 =$ ☐

⑩ $5 \times 9 =$ ☐

⑪ $9 \times 4 =$ ☐

⑫ $6 \times 3 =$ ☐

⑬ $4 \times 5 =$ ☐

⑭ $8 \times 2 =$ ☐

⑮ $7 \times 6 =$ ☐

⑯ $10 \times 4 =$ ☐

⑰ $2 \times 2 =$ ☐

⑱ $4 \times 6 =$ ☐

🎯 ☐ 안에 알맞은 수를 써넣으세요.

① $3 \times 1 = \boxed{}$

② $8 \times 8 = \boxed{}$

③ $2 \times 3 = \boxed{}$

④ $1 \times 5 = \boxed{}$

⑤ $5 \times 4 = \boxed{}$

⑥ $7 \times 9 = \boxed{}$

⑦ $5 \times 6 = \boxed{}$

⑧ $9 \times 2 = \boxed{}$

⑨ $10 \times 7 = \boxed{}$

⑩ $2 \times 7 = \boxed{}$

⑪ $5 \times 4 = \boxed{}$

⑫ $6 \times 1 = \boxed{}$

⑬ $7 \times 8 = \boxed{}$

⑭ $4 \times 6 = \boxed{}$

⑮ $3 \times 5 = \boxed{}$

⑯ $9 \times 5 = \boxed{}$

⑰ $8 \times 1 = \boxed{}$

⑱ $5 \times 3 = \boxed{}$

3장 유형별 구구단 익히기

권장 진도표에 맞춰 공부하고, 공부한 단계에 표시하세요.

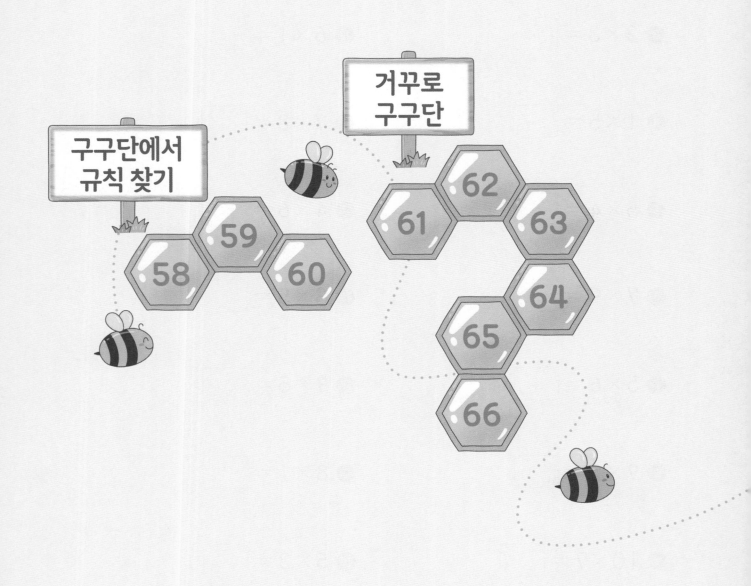

거꾸로
구구단

구구단에서
규칙 찾기

58 59 60

61 62 63 64 65 66

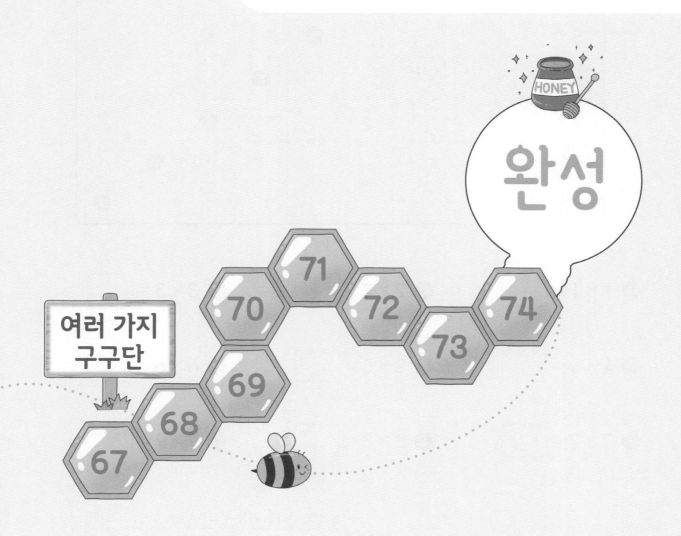

완성

여러 가지
구구단

67 68 69 70 71 72 73 74

곱셈표에서 규칙 찾기 1

곱셈표를 보고 ☐ 안에 알맞은 수를 써넣으세요.

×	1	2	3	4	5	6	7	8	9
1	①								
2		②							
3			③						
4				④					
5					⑤				
6						⑥			
7							⑦		
8								⑧	
9									⑨

❶ $1 \times 1 = $ ☐

❷ $2 \times 2 = $ ☐

❸ $3 \times 3 = $ ☐

❹ $4 \times 4 = $ ☐

❺ $5 \times 5 = $ ☐

❻ $6 \times 6 = $ ☐

❼ $7 \times 7 = $ ☐

❽ $8 \times 8 = $ ☐

❾ $9 \times 9 = $ ☐

어떤 규칙을 찾았는지 다른 사람에게 설명해 보세요.

💡 **그림을 보고 ☐ 안에 알맞은 수를 써넣으세요.**

❶ ⊙ $1 \times 1 =$ ☐

❷  $2 \times 2 =$ ☐

❸ $3 \times 3 =$ ☐

❹ $4 \times 4 =$ ☐

❺ $5 \times 5 =$ ☐

❻ 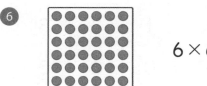 $6 \times 6 =$ ☐

❼ 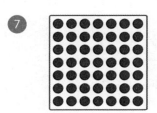 $7 \times 7 =$ ☐

❽ 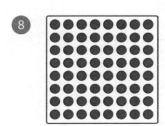 $8 \times 8 =$ ☐

❾ 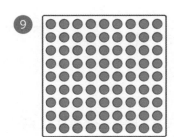 $9 \times 9 =$ ☐

무엇을 알게 되었는지 다른 사람에게 설명해 보세요.

131

💡 곱셈표를 보고 물음에 답하세요.

×	0	1	2	3	4	5	6	7	8	9
0	0	0	0	0	0	0	0	0	0	0
1	0	1	2	3	4	5	6	7	8	9
2	0	2	4	6	8	10	12	14	16	18
3	0	3	6	9	12	15	18	21	24	27
4	0	4	8	12	16	20	24	28	32	36
5	0	5	10	15	20	25	30	35	40	45
6	0	6	12	18	24	30	36	42	48	54
7	0	7	14	21	28	35	42	49	56	63
8	0	8	16	24	32	40	48	56	64	72
9	0	9	18	27	36	45	54	63	72	81

❶ ⬜ 로 색칠한 칸은 아래로 [　　] 씩 커집니다.

❷ ▨ 로 색칠한 칸은 오른쪽으로 [　　] 씩 커집니다.

❸ ⬜ 로 색칠한 칸과 ▨ 로 색칠한 칸을 살펴보면 곱하는 두 수의 계산

순서를 서로 바꾸어도 곱은 (같습니다 , 다릅니다).

곱셈표를 보고 물음에 답하세요.

ㄱ과 같은 곱은 1×3=3이야.

×	1	2	3	4	5	6	7	8	9
1			3						
2									
3	㉠								
4									
5		㉡							
6									
7				㉢					
8									
9					㉣				

❶ ☐ 안에 알맞은 수를 써넣으세요.

㉠ [3] × [1] = [3]   ㉡ [5] × [ ] = [ ]

㉢ [ ] × [ ] = [ ]   ㉣ [ ] × [ ] = [ ]

❷ 곱셈표에서 ㉠, ㉡, ㉢, ㉣과 곱이 같은 칸을 찾아 수를 써넣으세요.

㉠과 같은 곱은 내가 찾아 써 놓았어!

무엇을 알게 되었는지 다른 사람에게 설명해 보세요.

곱셈표에서 찾은 규칙

곱셈구구의 값을 찾아 선으로 이어 보세요.

2 × 1	16	2 × 8
4 × 2	2	9 × 3
8 × 2	8	1 × 2
3 × 9	27	8 × 7
5 × 6	6	2 × 4
2 × 3	56	6 × 5
7 × 8	30	5 × 7
6 × 4	35	3 × 2
7 × 5	24	4 × 6

곱이 같은 것끼리 선으로 이어 보세요.

2×5 •	• 4×3
3×4 •	• 3×7
5×8 •	• 6×8
7×3 •	• 5×2
4×9 •	• 8×5
8×6 •	• 5×4
9×2 •	• 7×6
4×5 •	• 9×4
6×7 •	• 2×9

거꾸로 구구단 1

💡 ☐ 안에 알맞은 수를 써넣으세요.

① $2 \times \boxed{} = 2$

② $2 \times \boxed{} = 4$

③ $\boxed{} \times 3 = 6$

④ $2 \times \boxed{} = 8$

⑤ $2 \times \boxed{} = 10$

⑥ $2 \times \boxed{} = 12$

⑦ $\boxed{} \times 7 = 14$

⑧ $2 \times \boxed{} = 16$

⑨ $2 \times \boxed{} = 18$

⑩ $3 \times \boxed{} = 3$

⑪ $3 \times \boxed{} = 6$

⑫ $3 \times \boxed{} = 9$

⑬ $\boxed{} \times 4 = 12$

⑭ $\boxed{} \times 5 = 15$

⑮ $3 \times \boxed{} = 18$

⑯ $3 \times \boxed{} = 21$

⑰ $3 \times \boxed{} = 24$

⑱ $\boxed{} \times 9 = 27$

💡 ☐ 안에 알맞은 수를 써넣으세요.

① $\boxed{} \times 1 = 4$

② $\boxed{} \times 2 = 8$

③ $4 \times \boxed{} = 12$

④ $4 \times \boxed{} = 16$

⑤ $4 \times \boxed{} = 20$

⑥ $\boxed{} \times 6 = 24$

⑦ $4 \times \boxed{} = 28$

⑧ $\boxed{} \times 8 = 32$

⑨ $4 \times \boxed{} = 36$

⑩ $5 \times \boxed{} = 5$

⑪ $\boxed{} \times 2 = 10$

⑫ $5 \times \boxed{} = 15$

⑬ $\boxed{} \times 4 = 20$

⑭ $\boxed{} \times 5 = 25$

⑮ $5 \times \boxed{} = 30$

⑯ $5 \times \boxed{} = 35$

⑰ $5 \times \boxed{} = 40$

⑱ $\boxed{} \times 9 = 45$

💡 ☐ 안에 알맞은 수를 써넣으세요.

1. $6 \times \boxed{} = 6$

2. $\boxed{} \times 2 = 12$

3. $6 \times \boxed{} = 18$

4. $6 \times \boxed{} = 24$

5. $\boxed{} \times 5 = 30$

6. $6 \times \boxed{} = 36$

7. $\boxed{} \times 7 = 42$

8. $\boxed{} \times 8 = 48$

9. $6 \times \boxed{} = 54$

10. $\boxed{} \times 1 = 7$

11. $7 \times \boxed{} = 14$

12. $7 \times \boxed{} = 21$

13. $\boxed{} \times 4 = 28$

14. $7 \times \boxed{} = 35$

15. $\boxed{} \times 6 = 42$

16. $7 \times \boxed{} = 49$

17. $\boxed{} \times 8 = 56$

18. $7 \times \boxed{} = 63$

💡 □ 안에 알맞은 수를 써넣으세요.

① $\boxed{} \times 1 = 8$

② $\boxed{} \times 2 = 16$

③ $\boxed{} \times 3 = 24$

④ $8 \times \boxed{} = 32$

⑤ $8 \times \boxed{} = 40$

⑥ $\boxed{} \times 6 = 48$

⑦ $8 \times \boxed{} = 56$

⑧ $8 \times \boxed{} = 64$

⑨ $\boxed{} \times 9 = 72$

⑩ $9 \times \boxed{} = 9$

⑪ $9 \times \boxed{} = 18$

⑫ $\boxed{} \times 3 = 27$

⑬ $\boxed{} \times 4 = 36$

⑭ $9 \times \boxed{} = 45$

⑮ $9 \times \boxed{} = 54$

⑯ $\boxed{} \times 7 = 63$

⑰ $9 \times \boxed{} = 72$

⑱ $\boxed{} \times 9 = 81$

거꾸로 구구단 3

 빈 곳을 알맞게 채우세요.

①

나는 곱하기 로봇.
숫자를 곱하지.

3에 몇을 곱했을까?
$3 \times \boxed{} = 12$

3 → × → 12

②

5   30

4

③

24

6   48

9

어떻게 풀었는지 다른 사람에게 설명해 보세요.

💡 빈 곳에 알맞은 수를 써넣으세요.

①

□	×	3	=	6
×		×		×
5	×	2	=	□
‖		‖		‖
10		□		□

②

4	×	□	=	8
×		×		×
□	×	2	=	□
‖		‖		‖
12		□		□

③

3 × □ = 3   4 × □ = 40
        ×   ×   ×
2 × 1 = □   □ × 5 = □
        ‖   ‖   ‖
6 × □ = □   □

💡 선으로 연결한 두 수를 곱하면 위의 수가 됩니다. 빈 곳에 알맞은 수를 써넣으세요.

1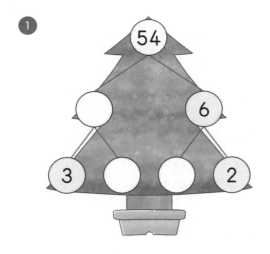

2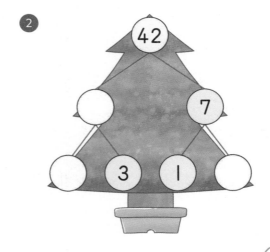

어떻게 풀었는지 다른 사람에게 설명해 보세요.

3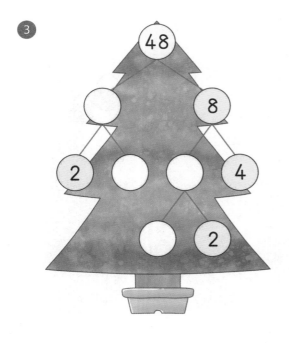

4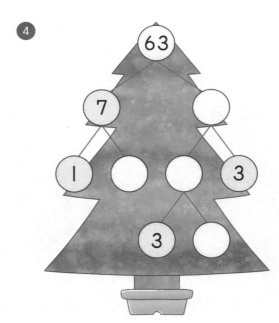

빈 곳에 알맞은 수를 써넣으세요.

1

×	☐	☐	☐
2	4	12	16
4	8	24	32
5	10	☐	☐

2

×	3	7	9
☐	9	21	27
☐	15	35	☐
☐	18	42	☐

3

×	☐	5	☐
2	8	10	14
☐	24	30	42
9	36	45	63

4

×	5	☐	8
3	15	18	24
☐	35	42	56
☐	40	48	64

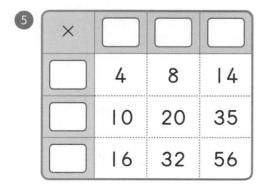

어떻게 풀었는지 다른 사람에게 설명해 보세요.

5

×	☐	☐	☐
☐	4	8	14
☐	10	20	35
☐	16	32	56

6

×	☐	☐	☐
☐	6	15	18
☐	14	35	42
☐	18	45	54

거꾸로 구구단 5

그림을 보고 ☐ 안에 알맞은 수를 써넣으세요.

①

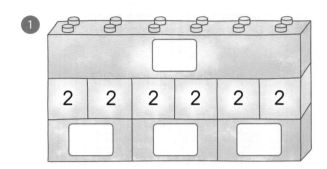

| 2 | 2 | 2 | 2 | 2 | 2 |

$$2 \times 6 = 12$$
$$4 \times 3 = 12$$

②

| 3 | 3 | 3 | 3 | 3 | 3 |

$$\square \times \square = \square$$
$$\square \times \square = \square$$

③

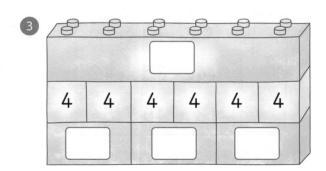

| 4 | 4 | 4 | 4 | 4 | 4 |

$$\square \times \square = \square$$
$$\square \times \square = \square$$

144

💡 곱해서 다음 수가 되는 곱셈식을 모두 써 보세요.

①   16

$2 \times \boxed{} = 16$

$\boxed{} \times \boxed{} = 16$

$8 \times \boxed{} = 16$

②   36

$4 \times \boxed{} = 36$

$\boxed{} \times 6 = 36$

$\boxed{} \times \boxed{} = 36$

③   12

$2 \times \boxed{} = \boxed{}$

$\boxed{} \times \boxed{} = \boxed{}$

$\boxed{} \times \boxed{} = \boxed{}$

$\boxed{} \times \boxed{} = \boxed{}$

④   24

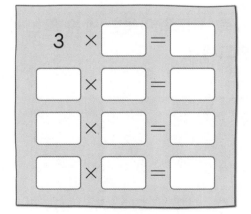

$3 \times \boxed{} = \boxed{}$

$\boxed{} \times \boxed{} = \boxed{}$

$\boxed{} \times \boxed{} = \boxed{}$

$\boxed{} \times \boxed{} = \boxed{}$

거꾸로 구구단 6

💡 보기 와 같이 이웃한 세 수 또는 네 수를 묶은 다음 ✕와 ＝를 넣어 곱셈식을 만드세요.

보기

$2 \times 3 = 6$ 5 0

① 4 3 2 6 4

② 4 6 3 1 8

③ 2 4 5 2 0 2 5 1 0 7

💡 가로, 세로로 이웃한 세 수 또는 네 수를 묶은 다음 ✕와 ＝를 넣어 곱셈식 3개를 만드세요.

④
5 3 3 9 1
4 2 5 4 8
2 3 9 8 5
8 5 6 3 0
9 3 7 1 4

⑤
9 7 6 3 6
3 5 4 9 4
7 4 7 8 2
2 6 3 4 4
1 5 2 9 3

선으로 이어진 두 수의 곱이 아래의 수가 되도록 주어진 수를 빈 곳에 알맞게 써 넣으세요.

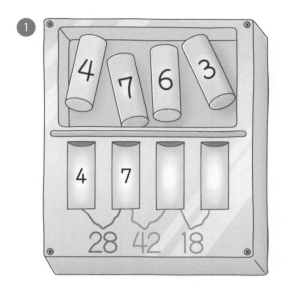

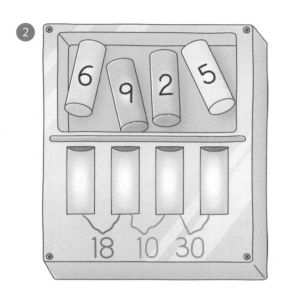

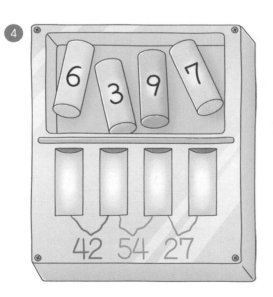

어떻게 풀었는지 다른 사람에게 설명해 보세요.

147

67

여러 가지 구구단—칸의 수 세기

💡 각각 몇 칸인지 2가지 곱셈식으로 나타내세요.

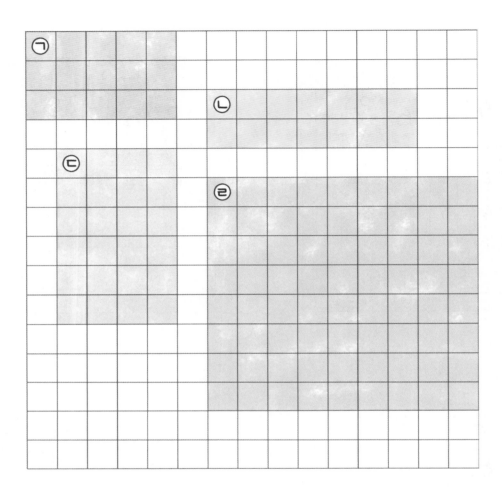

ㄱ

$$5 \times 3 = 15$$
$$3 \times 5 = 15$$

ㄴ

_____

_____

ㄷ

_____

_____

ㄹ

_____

_____

💡 **여러 가지 방법으로 곱셈식을 만들고 색칠해 보세요.**

1️⃣ 곱이 27인 곱셈식을 쓰세요.   2️⃣ 곱이 16인 곱셈식을 쓰세요.

3️⃣ 곱이 27과 16인 곱셈식을 여러 가지 방법으로 색칠해 보세요.

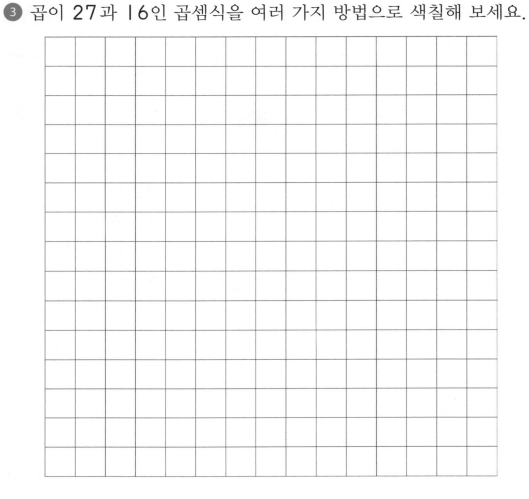

68

여러 가지 구구단-점의 수 세기

💡 선과 선이 만나는 점의 수를 세어 2가지 곱셈식으로 나타내세요.

1

4

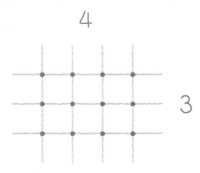

3

$$4 \times 3 = 12$$
$$3 \times 4 = 12$$

2

5

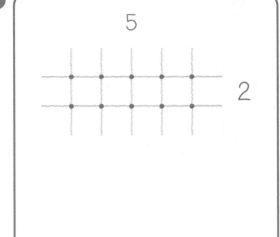

2

_____

_____

3

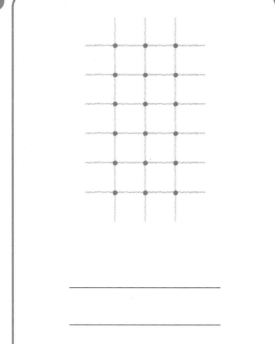

_____

_____

4

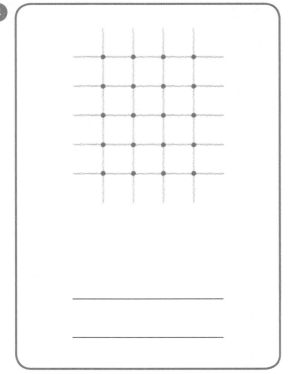

_____

_____

☀️ **곱셈식에 맞게 선을 그리고, 이때 생기는 점의 수를 세어 곱을 구하세요.**

세로선 2줄, 가로선 3줄을 그려요.

1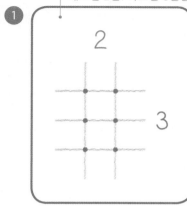

$2 \times 3 =$ ☐

2

$3 \times 3 =$ ☐

3

$2 \times 6 =$ ☐

4

$7 \times 4 =$ ☐

5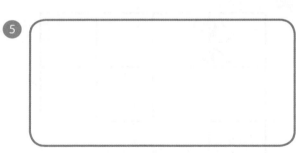

$8 \times 3 =$ ☐

6

$9 \times 2 =$ ☐

7

$6 \times 4 =$ ☐

개미 로봇이 빨강, 파랑, 초록 선을 따라 이동합니다. 이동한 거리를 곱셈식으로 나타내세요.

1 2 cm

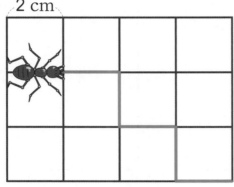

$\boxed{2} \times \boxed{5} = \boxed{}$ (cm)

─2cm씩 5칸 이동했어요.

2 3 cm

$\boxed{} \times \boxed{} = \boxed{}$ (cm)

3 5 cm

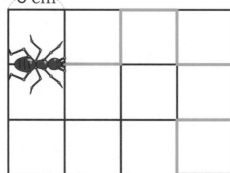

$\boxed{} \times \boxed{} = \boxed{}$ (cm)

💡 개미 로봇이 빨강, 파랑, 초록 선을 따라 이동합니다. 이동한 거리를 곱셈식으로 나타내세요.

① 6 cm

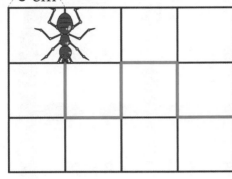

$\boxed{} \times \boxed{} = \boxed{}$ (cm)

② 7 cm

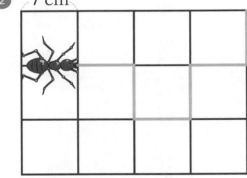

$\boxed{} \times \boxed{} = \boxed{}$ (cm)

③ 9 cm

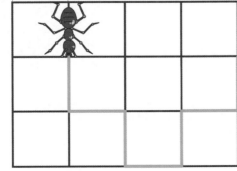

$\boxed{} \times \boxed{} = \boxed{}$ (cm)

여러 가지 구구단-크기 비교

💡 곱이 가장 큰 곱셈식을 따라 선을 그어 보세요.

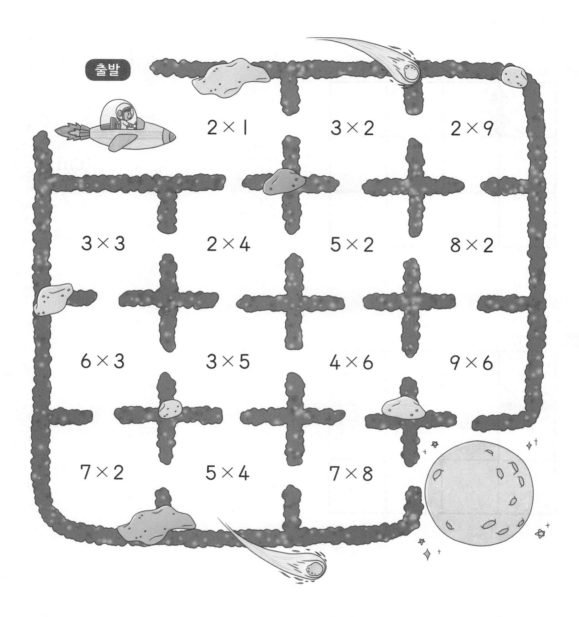

출발

2×1 3×2 2×9

3×3 2×4 5×2 8×2

6×3 3×5 4×6 9×6

7×2 5×4 7×8

빈칸에 알맞은 곱을 쓰고 곱이 작은 순서대로 글자를 모아 속담을 만드세요.

이 $4 \times 6 =$ ☐

라 $9 \times 8 =$ ☐

너 $6 \times 9 =$ ☐

탑 $5 \times 4 =$ ☐

든 $3 \times 4 =$ ☐

지 $8 \times 7 =$ ☐

공 $2 \times 1 =$ ☐

무 $7 \times 5 =$ ☐

여러 가지 구구단-뛰어 세기

💡 규칙을 찾아 뛰어서 세어 보세요.

❶

❷

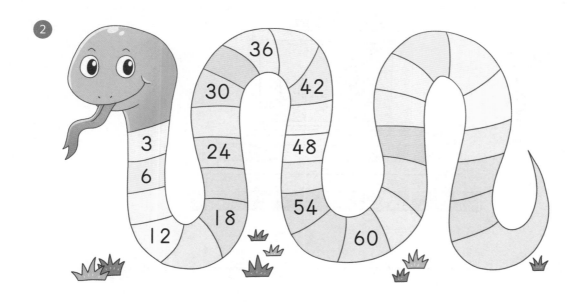

💡 규칙을 찾아 뛰어서 세어 보세요.

1

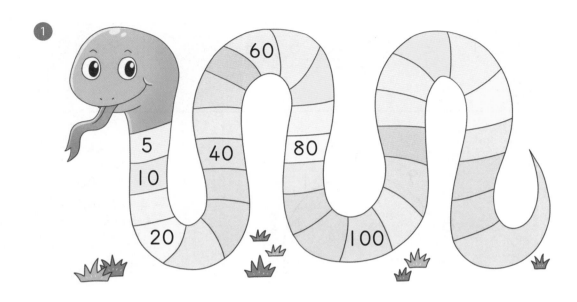

2

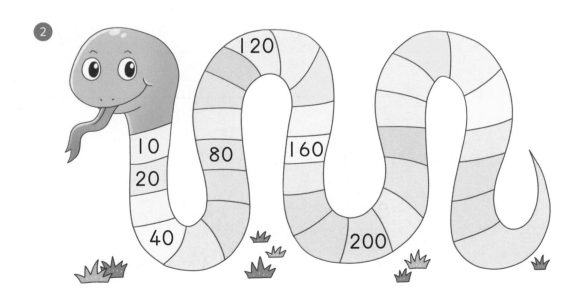

곱셈표를 완성하고 곱의 일의 자리 숫자를 0부터 선으로 이으세요.

2단

×	1	2	3	4	5	6	7	8	9	10
2										

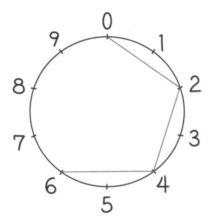

곱의 일의 자리 숫자가 2 → 4 → 6 → 8 → 0 으로 반복되네.

3단

×	1	2	3	4	5	6	7	8	9	10
3										

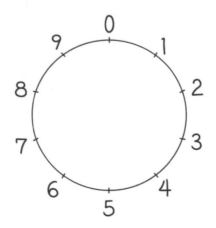

💡 곱셈표를 완성하고 곱의 일의 자리 숫자를 0부터 선으로 이으세요.

4단

×	1	2	3	4	5	6	7	8	9	10
4										

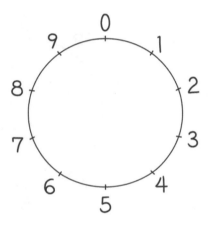

5단

×	1	2	3	4	5	6	7	8	9	10
5										

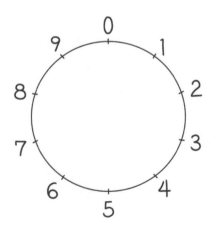

여러 가지 구구단-슈타이너 곱셈법 2

곱셈표를 완성하고 곱의 일의 자리 숫자를 0부터 선으로 이으세요.

6단

×	1	2	3	4	5	6	7	8	9	10
6										

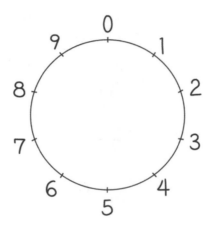

7단

×	1	2	3	4	5	6	7	8	9	10
7										

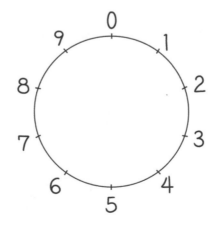

곱셈표를 완성하고 곱의 일의 자리 숫자를 0부터 선으로 이으세요.

8단

×	1	2	3	4	5	6	7	8	9	10
8										

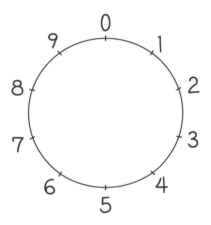

9단

×	1	2	3	4	5	6	7	8	9	10
9										

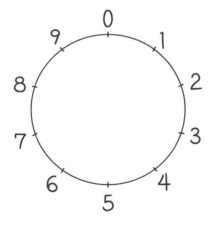

8개의 그림 중 같은 것끼리 짝을 지어 보세요.

161

💡 한복 저고리가 3벌, 치마가 2벌 있습니다. 한복을 어떻게 입을 수 있을지 색칠하고 다르게 입는 방법은 모두 몇 가지인지 알아보세요.

한복을 다르게 입을 수 있는 방법은

저고리가 **3**벌, 치마가 **2**벌일 때

3개씩 **2**묶음이므로

☐ × ☐ = ☐ 가지입니다.

💡 2가지 맛의 아이스크림을 3가지 컵에 담으려고 합니다. 모두 몇 가지 방법으로 담을 수 있는지 선이 만나는 곳에 점을 찍어 알아보세요.

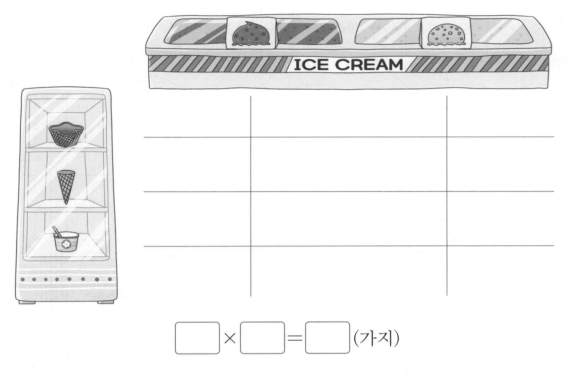

☐ × ☐ = ☐ (가지)

💡 로봇의 머리 3개, 몸통 2개로 서로 다른 로봇을 만들려고 합니다. 모두 몇 가지 방법으로 만들 수 있는지 선을 긋고, 만나는 곳에 점을 찍어 알아보세요.

☐ × ☐ = ☐ (가지)

1~6학년 연산 개념연결 지도

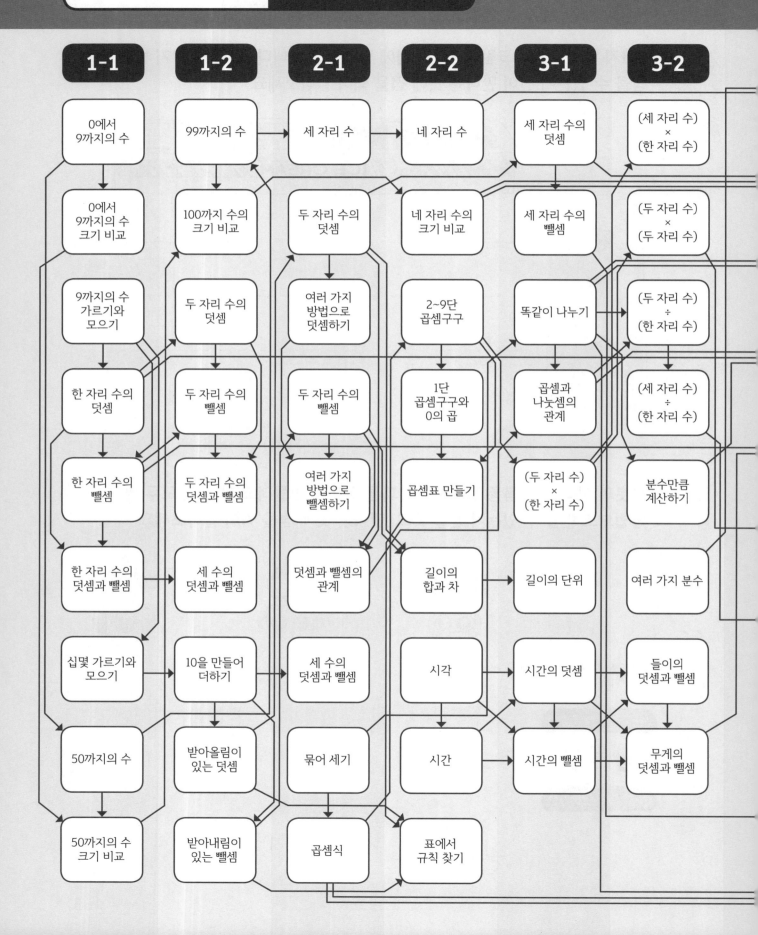

1-1	1-2	2-1	2-2	3-1	3-2
0에서 9까지의 수	99까지의 수	세 자리 수	네 자리 수	세 자리 수의 덧셈	(세 자리 수) × (한 자리 수)
0에서 9까지의 수 크기 비교	100까지 수의 크기 비교	두 자리 수의 덧셈	네 자리 수의 크기 비교	세 자리 수의 뺄셈	(두 자리 수) × (두 자리 수)
9까지의 수 가르기와 모으기	두 자리 수의 덧셈	여러 가지 방법으로 덧셈하기	2~9단 곱셈구구	똑같이 나누기	(두 자리 수) ÷ (한 자리 수)
한 자리 수의 덧셈	두 자리 수의 뺄셈	두 자리 수의 뺄셈	1단 곱셈구구와 0의 곱	곱셈과 나눗셈의 관계	(세 자리 수) ÷ (한 자리 수)
한 자리 수의 뺄셈	두 자리 수의 덧셈과 뺄셈	여러 가지 방법으로 뺄셈하기	곱셈표 만들기	(두 자리 수) × (한 자리 수)	분수만큼 계산하기
한 자리 수의 덧셈과 뺄셈	세 수의 덧셈과 뺄셈	덧셈과 뺄셈의 관계	길이의 합과 차	길이의 단위	여러 가지 분수
십몇 가르기와 모으기	10을 만들어 더하기	세 수의 덧셈과 뺄셈	시각	시간의 덧셈	들이의 덧셈과 뺄셈
50까지의 수	받아올림이 있는 덧셈	묶어 세기	시간	시간의 뺄셈	무게의 덧셈과 뺄셈
50까지의 수 크기 비교	받아내림이 있는 뺄셈	곱셈식	표에서 규칙 찾기		

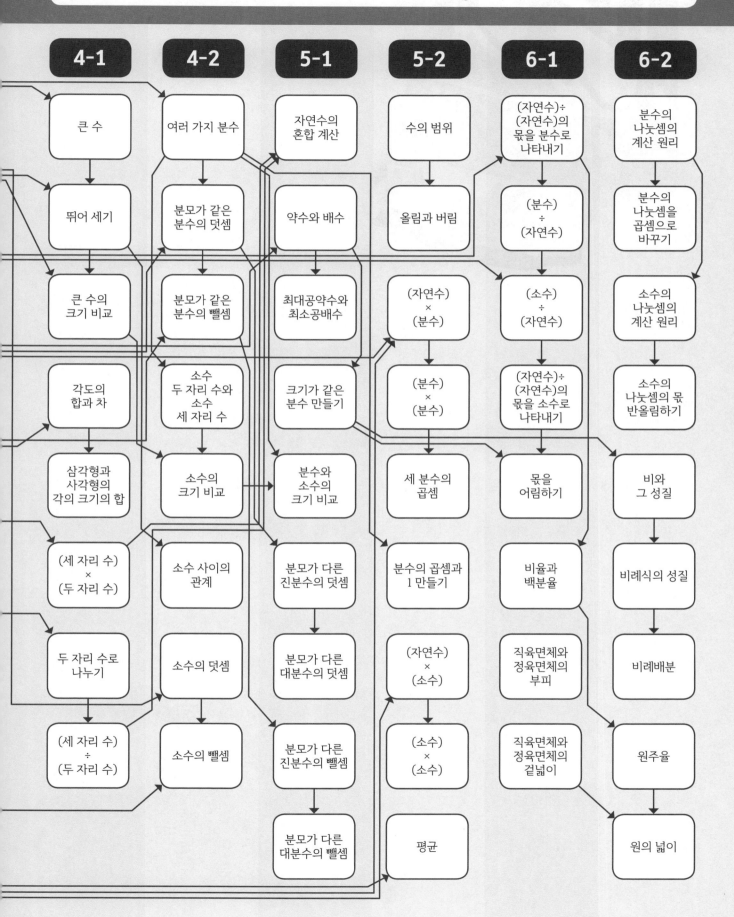

2씩 뛰어 세기와 묶어 세기

12쪽

❶ 2, 4
❷ 2, 4, 6, 8
❸ 6, 8, 10, 12, 14, 16
❹ 2, 10, 12, 14, 16, 18

13쪽

❶ 3; 2, 4, 6
❷ 4; 2, 4, 6, 8
❸ 5; 10
❹ 6, 12
❺ 8, 16

02 **2단 곱셈식으로 나타내기**

14쪽

덧셈식으로 나타내기		곱셈식
🤖	2	$2 \times 1 = 2$
🤖 🤖	$2+2=4$	$2 \times 2 = 4$
🤖 🤖 🤖	$2+2+2=6$	$2 \times 3 = 6$
	$2+2+2+2=8$	$2 \times 4 = 8$
	$2+2+2+2+2=10$	$2 \times 5 = 10$
	$2+2+2+2+2+2=12$	$2 \times 6 = 12$
	$2+2+2+2+2+2+2=14$	$2 \times 7 = 14$
	$2+2+2+2+2+2+2+2=16$	$2 \times 8 = 16$
	$2+2+2+2+2+2+2+2+2=18$	$2 \times 9 = 18$

15쪽

몇씩 몇 묶음	몇 배	곱셈식
2씩 1묶음	2의 1 배	$2 \times 1 = 2$
2씩 2묶음	2의 2 배	$2 \times 2 = 4$
2씩 3묶음	2의 3 배	$2 \times 3 = 6$
2씩 4묶음	2의 4 배	$2 \times 4 = 8$
2씩 5묶음	2의 5 배	$2 \times 5 = 10$
2씩 6묶음	2의 6 배	$2 \times 6 = 12$
2씩 7묶음	2의 7 배	$2 \times 7 = 14$
2씩 8묶음	2의 8 배	$2 \times 8 = 16$
2씩 9묶음	2의 9 배	$2 \times 9 = 18$

03 **2단 읽고 쓰기**

16쪽

2씩 늘어나는 홍학 다리의 수	읽고 쓰기
🦩	$2 \times 1 = 2$ 이 일은 이
🦩🦩	$2 \times 2 = 4$ 이 이는 사
🦩🦩🦩	$2 \times 3 = 6$ 이 삼은 육
🦩🦩🦩🦩	$2 \times 4 = 8$ 이 사 팔
🦩🦩🦩🦩🦩	$2 \times 5 = 10$ 이 오 십
🦩🦩🦩🦩🦩🦩	$2 \times 6 = 12$ 이 육 십이
🦩🦩🦩🦩🦩🦩🦩	$2 \times 7 = 14$ 이 칠 십사
🦩🦩🦩🦩🦩🦩🦩🦩	$2 \times 8 = 16$ 이 팔 십육
🦩🦩🦩🦩🦩🦩🦩🦩🦩	$2 \times 9 = 18$ 이 구 십팔

❶ 2, 1, 2　　❷ 2, 2, 4

❸ 2×3=6　　❹ 2×4=8

❺ 2×5=10　　❻ 2×6=12

❼ 2×7=14　　❽ 2×8=16

❾ 2×9=18

04 2단 연습하기

18쪽

❶ 2　　❷ 4　　❸ 6

❹ 8　　❺ 10　　❻ 12

❼ 14　　❽ 16　　❾ 18

❿ 6　　⓫ 4　　⓬ 8

⓭ 14　　⓮ 18　　⓯ 12

⓰ 16　　⓱ 10　　⓲ 2

19쪽

❶ 12　　❷ 16　　❸ 4

❹ 6　　❺ 18　　❻ 14

❼ 2　　❽ 8　　❾ 10

❿ 18　　⓫ 16　　⓬ 14

⓭ 12　　⓮ 10　　⓯ 8

⓰ 6　　⓱ 4　　⓲ 2

여러 가지로 설명할 수 있습니다.

(1) 2×7은 2씩 일곱 번 뛰어 세면 2, 4, 6,
8, 10, 12, 14에서 2×7=14입니다.

(2) 2×7은 2씩 일곱 묶음이면 2, 4, 6, 8,
10, 12, 14에서 2×7=14입니다.

(3) 2×7을 덧셈으로 나타내면
2+2+2+2+2+2+2=14이므로
2×7=14입니다.

05 2단 사고력 키우기

20쪽

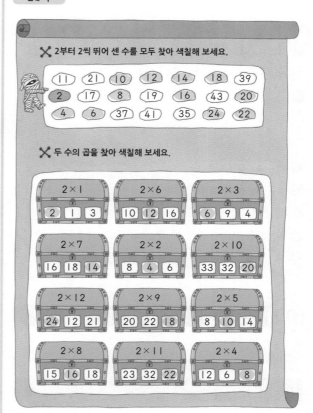

21쪽

❶ 2, 3, 6　　❷ 2, 5, 10

❸ 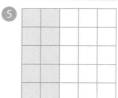　　❹

❺ 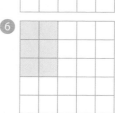　　❻

22쪽

❶ 3, 6
❷ 3, 6, 9, 12
❸ 9, 12, 15, 18, 21, 24
❹ 3, 15, 18, 21, 24, 27

23쪽

❶ 3; 3, 6, 9
❷ 4; 3, 6, 9, 12
❸ 5; 15
❹ 7, 21
❺ 8, 24

07 3단 곱셈식으로 나타내기

24쪽

덧셈식으로 나타내기		곱셈식
📚	3	3×1= 3
📚📚	3+3=6	3×2= 6
📚📚📚	3+3+3=9	3×3= 9
3+3+3+3=12		3×4= 12
3+3+3+3+3=15		3×5= 15
3+3+3+3+3+3=18		3×6= 18
3+3+3+3+3+3+3=21		3×7= 21
3+3+3+3+3+3+3+3=24		3×8= 24
3+3+3+3+3+3+3+3+3=27		3×9= 27

25쪽

몇씩 몇 묶음	몇 배	곱셈식
3씩 1묶음	3의 1 배	3×1= 3
3씩 2묶음	3의 2 배	3×2= 6
3씩 3묶음	3의 3 배	3×3= 9
3씩 4묶음	3의 4 배	3×4= 12
3씩 5묶음	3의 5 배	3×5= 15
3씩 6묶음	3의 6 배	3×6= 18
3씩 7묶음	3의 7 배	3×7= 21
3씩 8묶음	3의 8 배	3×8= 24
3씩 9묶음	3 의 9 배	3×9= 27

08 3단 읽고 쓰기

26쪽

3씩 늘어나는 촛불의 수	읽고 쓰기
3 ↘ +3	3×1= 3 삼 일은 삼
3 + 3 ↘ +3	3×2= 6 삼 이 육
3 + 3 + 3 ↘ +3	3×3= 9 삼 삼은 구
3 + 3 + 3 + 3 ↘ +3	3×4= 12 삼 사 십이
3 + 3 + 3 + 3 + 3 ↘ +3	3×5= 15 삼 오 십오
3 + 3 + 3 + 3 + 3 + 3 ↘ +3	3×6= 18 삼 육 십팔
3 + 3 + 3 + 3 + 3 + 3 + 3 ↘ +3	3×7= 21 삼 칠 이십일
3 + 3 + 3 + 3 + 3 + 3 + 3 + 3 ↘ +3	3×8= 24 삼 팔 이십사
3 + 3 + 3 + 3 + 3 + 3 + 3 + 3 + 3	3×9= 27 삼 구 이십칠

❶ 3, 1, 3　　　❷ 3, 2, 6
❸ 3×3＝9　　　❹ 3×4＝12
❺ 3×5＝15　　　❻ 3×6＝18
❼ 3×7＝21　　　❽ 3×8＝24
❾ 3×9＝27

09 3단 연습하기

28쪽

❶ 3　　　❷ 6　　　❸ 9
❹ 12　　　❺ 15　　　❻ 18
❼ 21　　　❽ 24　　　❾ 27
❿ 9　　　⓫ 21　　　⓬ 12
⓭ 6　　　⓮ 3　　　⓯ 18
⓰ 27　　　⓱ 15　　　⓲ 24

29쪽

❶ 9　　　❷ 3　　　❸ 27
❹ 15　　　❺ 24　　　❻ 6
❼ 18　　　❽ 21　　　❾ 12
❿ 27　　　⓫ 24　　　⓬ 21
⓭ 18　　　⓮ 15　　　⓯ 12
⓰ 9　　　⓱ 6　　　⓲ 3

여러 가지로 설명할 수 있습니다.
(1) 3×5는 3씩 다섯 번 뛰어 세면 3, 6, 9,
　　12, 15에서 3×5＝15입니다.
(2) 3×5는 3씩 다섯 묶음이면 3, 6, 9,
　　12, 15에서 3×5＝15입니다.
(3) 3×5를 덧셈으로 나타내면
　　3＋3＋3＋3＋3＝15이므로
　　3×5＝15입니다.

10 3단 사고력 키우기

30쪽

3부터 3씩 뛰어 센 수를 모두 찾아 색칠해 보세요.

두 수의 곱을 찾아 색칠해 보세요.

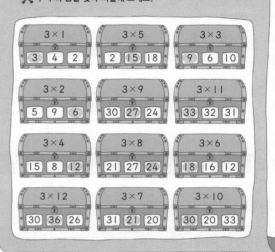

31쪽

❶ 3, 5, 15　　　❷ 3, 8, 24

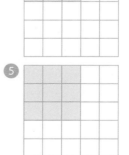

11 4씩 뛰어 세기와 묶어 세기

32쪽

① 4, 8
② 8, 12
③ 12, 16, 20, 24, 28, 32
④ 4, 20, 24, 28, 32, 36

33쪽

① 2; 4, 8
② 3; 4, 8, 12
③ 4; 16
④ 4, 16
⑤ 7, 28

12 4단 곱셈식으로 나타내기

34쪽

덧셈식으로 나타내기		곱셈식
🏠	4	$4 \times 1 = 4$
🏠 🏠	$4+4=8$	$4 \times 2 = 8$
🏠 🏠 🏠	$4+4+4=12$	$4 \times 3 = 12$
$4+4+4+4=16$		$4 \times 4 = 16$
$4+4+4+4+4=20$		$4 \times 5 = 20$
$4+4+4+4+4+4=24$		$4 \times 6 = 24$
$4+4+4+4+4+4+4=28$		$4 \times 7 = 28$
$4+4+4+4+4+4+4+4=32$		$4 \times 8 = 32$
$4+4+4+4+4+4+4+4+4=36$		$4 \times 9 = 36$

35쪽

몇씩 몇 묶음	몇 배	곱셈식
4씩 1묶음	4의 1배	$4 \times 1 = 4$
4씩 2묶음	4의 2배	$4 \times 2 = 8$
4씩 3묶음	4의 3배	$4 \times 3 = 12$
4씩 4묶음	4의 4배	$4 \times 4 = 16$
4씩 5묶음	4의 5배	$4 \times 5 = 20$
4씩 6묶음	4의 6배	$4 \times 6 = 24$
4씩 7묶음	4의 7배	$4 \times 7 = 28$
4씩 8묶음	4의 8배	$4 \times 8 = 32$
4씩 9묶음	4의 9배	$4 \times 9 = 36$

13 4단 읽고 쓰기

36쪽

4씩 늘어나는 울타리의 수	읽고 쓰기
4	$4 \times 1 = 4$ 사 일은 사
4 + 4	$4 \times 2 = 8$ 사 이 팔
4 + 4 + 4	$4 \times 3 = 12$ 사 삼 십이
4 + 4 + 4 + 4	$4 \times 4 = 16$ 사 사 십육
4 + 4 + 4 + 4 + 4	$4 \times 5 = 20$ 사 오 이십
4 + 4 + 4 + 4 + 4 + 4	$4 \times 6 = 24$ 사 육 이십사
4 + 4 + 4 + 4 + 4 + 4 + 4	$4 \times 7 = 28$ 사 칠 이십팔
4 + 4 + 4 + 4 + 4 + 4 + 4 + 4	$4 \times 8 = 32$ 사 팔 삼십이
4 + 4 + 4 + 4 + 4 + 4 + 4 + 4 + 4	$4 \times 9 = 36$ 사 구 삼십육

❶ 4, 1, 4
❷ 4, 2, 8
❸ $4 \times 3 = 12$
❹ $4 \times 4 = 16$
❺ $4 \times 5 = 20$
❻ $4 \times 6 = 24$
❼ $4 \times 7 = 28$
❽ $4 \times 8 = 32$
❾ $4 \times 9 = 36$

14 4단 연습하기

❶ 4
❷ 8
❸ 12
❹ 16
❺ 20
❻ 24
❼ 28
❽ 32
❾ 36
❿ 12
⓫ 32
⓬ 16
⓭ 28
⓮ 4
⓯ 8
⓰ 24
⓱ 20
⓲ 36

❶ 24
❷ 12
❸ 8
❹ 32
❺ 36
❻ 28
❼ 16
❽ 4
❾ 20
❿ 36
⓫ 32
⓬ 28
⓭ 24
⓮ 20
⓯ 16
⓰ 12
⓱ 8
⓲ 4

여러 가지로 설명할 수 있습니다.

(1) 4×6은 4씩 여섯 번 뛰어 세면 4, 8, 12, 16, 20, 24에서 $4 \times 6 = 24$입니다.

(2) 4×6은 4씩 여섯 묶음이면 4, 8, 12, 16, 20, 24에서 $4 \times 6 = 24$입니다.

(3) 4×6을 덧셈으로 나타내면
$4 + 4 + 4 + 4 + 4 + 4 = 24$이므로
$4 \times 6 = 24$입니다.

15 4단 사고력 키우기

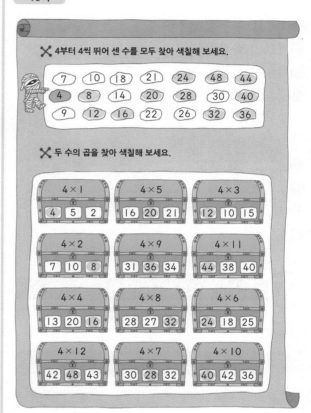

41쪽

❶ 4, 4, 16
❷ 4, 6, 24
❸
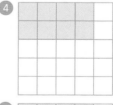
❹
❺
❻
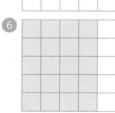

16 5씩 뛰어 세기와 묶어 세기

42쪽

❶ 5, 10

❷ 10, 15, 20

❸ 15, 20, 25, 30, 35, 40

❹ 5, 25, 30, 35, 40, 45

43쪽

❶ 3; 5, 10, 15

❷ 4; 20

❸ 5, 25

❹ 6, 30

17 5단 곱셈식으로 나타내기

44쪽

덧셈식으로 나타내기		곱셈식
🌰	5	$5 \times 1 = 5$
🌰🌰	$5+5=10$	$5 \times 2 = 10$
🌰🌰🌰	$5+5+5=15$	$5 \times 3 = 15$
$5+5+5+5=20$		$5 \times 4 = 20$
$5+5+5+5+5=25$		$5 \times 5 = 25$
$5+5+5+5+5+5=30$		$5 \times 6 = 30$
$5+5+5+5+5+5+5=35$		$5 \times 7 = 35$
$5+5+5+5+5+5+5+5=40$		$5 \times 8 = 40$
$5+5+5+5+5+5+5+5+5=45$		$5 \times 9 = 45$

45쪽

몇씩 몇 묶음	몇 배	곱셈식
5씩 1묶음	5의 1 배	$5 \times 1 = 5$
5씩 2묶음	5의 2 배	$5 \times 2 = 10$
5씩 3묶음	5의 3 배	$5 \times 3 = 15$
5씩 4묶음	5의 4 배	$5 \times 4 = 20$
5씩 5묶음	5의 5 배	$5 \times 5 = 25$
5씩 6묶음	5의 6 배	$5 \times 6 = 30$
5씩 7묶음	5의 7 배	$5 \times 7 = 35$
5씩 8묶음	5의 8 배	$5 \times 8 = 40$
5씩 9묶음	5 의 9 배	$5 \times 9 = 45$

18 5단 읽고 쓰기

46쪽

5씩 늘어나는 날개의 수	읽고 쓰기
5	$5 \times 1 = 5$ 오 일은 오
5 + 5	$5 \times 2 = 10$ 오 이 십
5 + 5 + 5	$5 \times 3 = 15$ 오 삼 십오
5 + 5 + 5 + 5	$5 \times 4 = 20$ 오 사 이십
5 + 5 + 5 + 5 + 5	$5 \times 5 = 25$ 오 오 이십오
5 + 5 + 5 + 5 + 5 + 5	$5 \times 6 = 30$ 오 육 삼십
5 + 5 + 5 + 5 + 5 + 5 + 5	$5 \times 7 = 35$ 오 칠 삼십오
5 + 5 + 5 + 5 + 5 + 5 + 5 + 5	$5 \times 8 = 40$ 오 팔 사십
5 + 5 + 5 + 5 + 5 + 5 + 5 + 5 + 5	$5 \times 9 = 45$ 오 구 사십오

47쪽

❶ 5, 1, 5　　　❷ 5, 2, 10
❸ 5×3=15　　❹ 5×4=20
❺ 5×5=25　　❻ 5×6=30
❼ 5×7=35　　❽ 5×8=40
❾ 5×9=45

19　5단 연습하기

48쪽

❶ 5　　　❷ 10　　　❸ 15
❹ 20　　　❺ 25　　　❻ 30
❼ 35　　　❽ 40　　　❾ 45
❿ 30　　　⓫ 40　　　⓬ 10
⓭ 15　　　⓮ 45　　　⓯ 35
⓰ 5　　　⓱ 20　　　⓲ 25

49쪽

❶ 15　　　❷ 10　　　❸ 20
❹ 35　　　❺ 45　　　❻ 30
❼ 40　　　❽ 25　　　❾ 5
❿ 45　　　⓫ 40　　　⓬ 35
⓭ 30　　　⓮ 25　　　⓯ 20
⓰ 15　　　⓱ 10　　　⓲ 5

여러 가지로 설명할 수 있습니다.
(1) 5×8은 5씩 여덟 번 뛰어 세면 5,
　　10, 15, 20, 25, 30, 35, 40에서
　　5×8=40입니다.
(2) 5×8은 5씩 여덟 묶음이면
　　5, 10, 15, 20, 25, 30, 35, 40에서
　　5×8=40입니다.
(3) 5×8을 덧셈으로 나타내면
　　5+5+5+5+5+5+5+5=40이므로
　　5×8=40입니다.

20　5단 사고력 키우기

50쪽

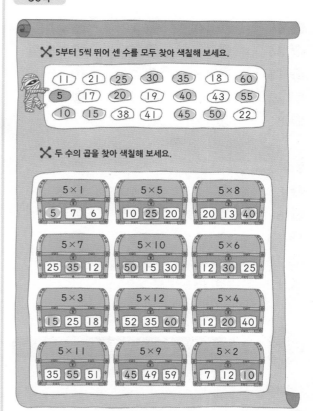

51쪽

❶ 5, 7, 35　　　❷ 5, 9, 45

❸ 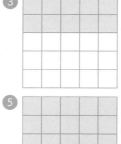　　❹

❺ 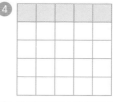　　❻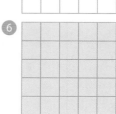

175

21 2~5단 실전문제 1

52쪽

❶ 6　　❷ 10　　❸ 12　　❹ 21
❺ 36　　❻ 24　　❼ 45　　❽ 25
❾ 15　　❿ 18　　⓫ 24　　⓬ 10
⓭ 12　　⓮ 27　　⓯ 35　　⓰ 32
⓱ 8　　⓲ 18

53쪽

❶ 8　　❷ 12　　❸ 40　　❹ 3
❺ 6　　❻ 28　　❼ 15　　❽ 16
❾ 16　　❿ 30　　⓫ 21　　⓬ 4
⓭ 20　　⓮ 45　　⓯ 14　　⓰ 24
⓱ 12　　⓲ 35

22 2~5단 곱셈표 만들기

54쪽

❶

×	1	2	3	4	5	6	7	8	9
2	2	4	6	8	10	12	14	16	18

❷

×	1	2	3	4	5	6	7	8	9
3	3	6	9	12	15	18	21	24	27

❸

×	2
9	18
8	16
7	14
6	12
5	10
4	8
3	6
2	4
1	2

❹

×	3
9	27
8	24
7	21
6	18
5	15
4	12
3	9
2	6
1	3

55쪽

❶

×	1	2	3	4	5	6	7	8	9
4	4	8	12	16	20	24	28	32	36

❷

×	1	2	3	4	5	6	7	8	9
5	5	10	15	20	25	30	35	40	45

❸

×	4
9	36
8	32
7	28
6	24
5	20
4	16
3	12
2	8
1	4

❹

×	5
9	45
8	40
7	35
6	30
5	25
4	20
3	15
2	10
1	5

23 2~5단 실전문제 2

56쪽

❶

×	3	5
2	6	10
3	9	15

❷

×	7	8
2	14	16
3	21	24

❸

×	2	4
4	8	16
5	10	20

❹

×	6	9
4	24	36
5	30	45

❺

×	6	8	9
2	12	16	18
3	18	24	27
4	24	32	36

❻

×	4	5	8
3	12	15	24
4	16	20	32
5	20	25	40

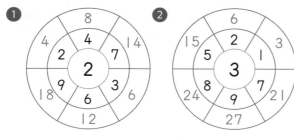

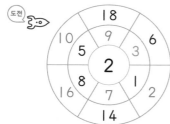

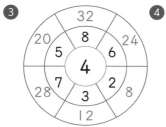

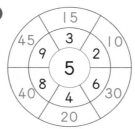

57쪽

도전

59쪽

3×3=3	2×5=11	3×9=18	5×3=12	2×7=16	4×3=9	5×7=30
2×3=6	4×2=8	5×6=30	2×8=19	3×9=27	4×6=24	3×6=18
5×2=15	3×7=21	4×9=36	3×6=12	5×5=25	2×8=16	4×4=20
4×5=25	2×2=6	5×4=22	2×1=3	4×8=36	3×5=20	5×6=33
2×7=14	5×1=11	3×2=8	4×4=20	2×4=13	4×1=6	5×9=45
4×8=25	3×4=12	4×3=15	3×9=26	5×3=25	4×7=28	3×3=12
5×3=25	2×6=15	5×8=40	4×5=20	2×9=18	3×8=26	2×7=16

24 2~5단 실전문제 3

58쪽

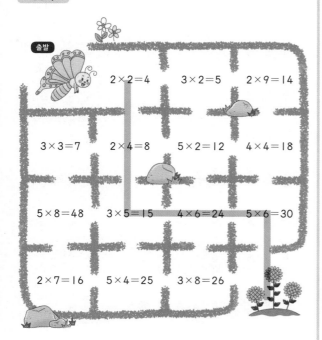

25 2~5단 실전문제 4

60쪽

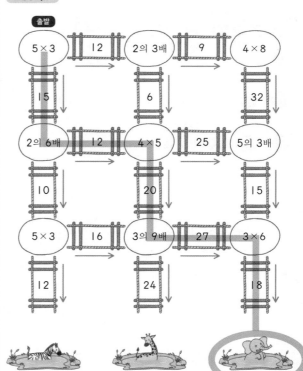

61쪽

❶ 4, 12   ❷ 5, 20

❸ 5, 3, 15

6씩 뛰어 세기와 묶어 세기

64쪽

❶ 6, 12
❷ 12, 18
❸ 18, 24, 30, 36, 42, 48
❹ 6, 24, 36, 42, 48, 54

65쪽

❶ 2; 6, 12
❷ 3; 18
❸ 4, 24
❹ 5, 30

27 **6단 곱셈식으로 나타내기**

66쪽

덧셈식		곱셈식
🐞	6	$6 \times 1 = \boxed{6}$
🐞 🐞	$6+6=12$	$6 \times 2 = \boxed{12}$
🐞 🐞 🐞	$6+6+6=18$	$6 \times 3 = \boxed{18}$
$6+6+6+6=24$		$6 \times 4 = \boxed{24}$
$6+6+6+6+6=30$		$6 \times 5 = \boxed{30}$
$6+6+6+6+6+6=36$		$6 \times 6 = \boxed{36}$
$6+6+6+6+6+6+6=42$		$6 \times 7 = \boxed{42}$
$6+6+6+6+6+6+6+6=48$		$6 \times 8 = \boxed{48}$
$6+6+6+6+6+6+6+6+6=54$		$6 \times 9 = \boxed{54}$

67쪽

몇씩 몇 묶음	몇 배	곱셈식
6씩 1묶음	6의 $\boxed{1}$ 배	$6 \times 1 = \boxed{6}$
6씩 2묶음	6의 $\boxed{2}$ 배	$6 \times 2 = \boxed{12}$
6씩 3묶음	6의 $\boxed{3}$ 배	$6 \times 3 = \boxed{18}$
6씩 4묶음	6의 $\boxed{4}$ 배	$6 \times 4 = \boxed{24}$
6씩 5묶음	6의 $\boxed{5}$ 배	$6 \times 5 = \boxed{30}$
6씩 6묶음	6의 $\boxed{6}$ 배	$6 \times 6 = \boxed{36}$
6씩 7묶음	6의 $\boxed{7}$ 배	$6 \times 7 = \boxed{42}$
6씩 8묶음	6의 $\boxed{8}$ 배	$6 \times 8 = \boxed{48}$
6씩 9묶음	$\boxed{6}$ 의 $\boxed{9}$ 배	$6 \times 9 = \boxed{54}$

28 **6단 읽고 쓰기**

68쪽

6씩 늘어나는 개미 다리의 수	읽고 쓰기
6	$6 \times 1 = \boxed{6}$ 육 일은 육
6 + 6	$6 \times 2 = \boxed{12}$ 육 이 십이
6 + 6 + 6	$6 \times 3 = \boxed{18}$ 육 삼 십팔
6 + 6 + 6 + 6	$6 \times 4 = \boxed{24}$ 육 사 이십사
6 + 6 + 6 + 6 + 6	$6 \times 5 = \boxed{30}$ 육 오 삼십
6 + 6 + 6 + 6 + 6 + 6	$6 \times 6 = \boxed{36}$ 육 육 삼십육
6 + 6 + 6 + 6 + 6 + 6 + 6	$6 \times 7 = \boxed{42}$ 육 칠 사십이
6 + 6 + 6 + 6 + 6 + 6 + 6 + 6	$6 \times 8 = \boxed{48}$ 육 팔 사십팔
6 + 6 + 6 + 6 + 6 + 6 + 6 + 6 + 6	$6 \times 9 = \boxed{54}$ 육 구 오십사

69쪽

1. 6, 1, 6
2. 6, 2, 12
3. 6×3=18
4. 6×4=24
5. 6×5=30
6. 6×6=36
7. 6×7=42
8. 6×8=48
9. 6×9=54

29 6단 연습하기

70쪽

① 6	② 12	③ 18
④ 24	⑤ 30	⑥ 36
⑦ 42	⑧ 48	⑨ 54
⑩ 36	⑪ 48	⑫ 12
⑬ 18	⑭ 54	⑮ 42
⑯ 6	⑰ 24	⑱ 30

71쪽

① 18	② 12	③ 24
④ 42	⑤ 54	⑥ 36
⑦ 48	⑧ 30	⑨ 6
⑩ 54	⑪ 48	⑫ 42
⑬ 36	⑭ 30	⑮ 24
⑯ 18	⑰ 12	⑱ 6

여러 가지로 설명할 수 있습니다.

(1) 6×4는 6씩 네 번 뛰어 세면 6, 12, 18, 24에서 6×4=24입니다.

(2) 6×4는 6씩 네 묶음이면 6, 12, 18, 24에서 6×4=24입니다.

(3) 6×4를 덧셈으로 나타내면 6+6+6+6=24이므로 6×4=24입니다.

30 6단 사고력 키우기

72쪽

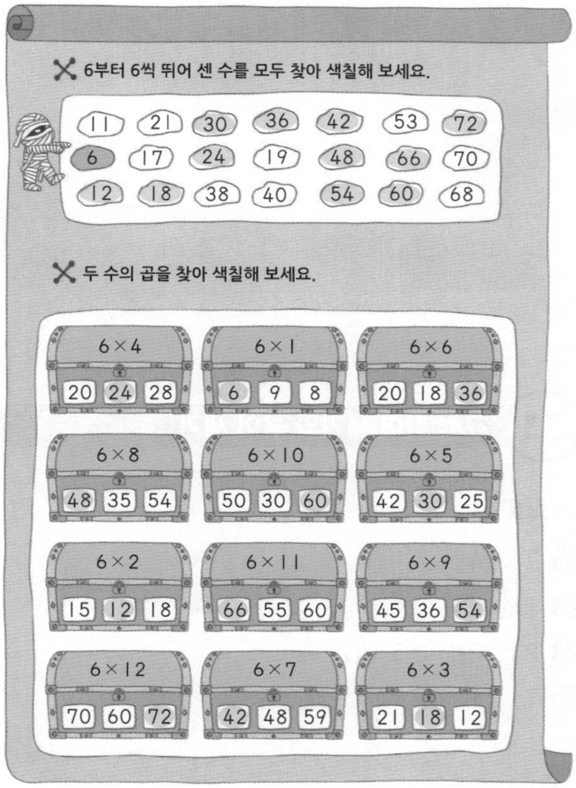

73쪽

1. 6, 3, 18
2. 6, 5, 30
3. 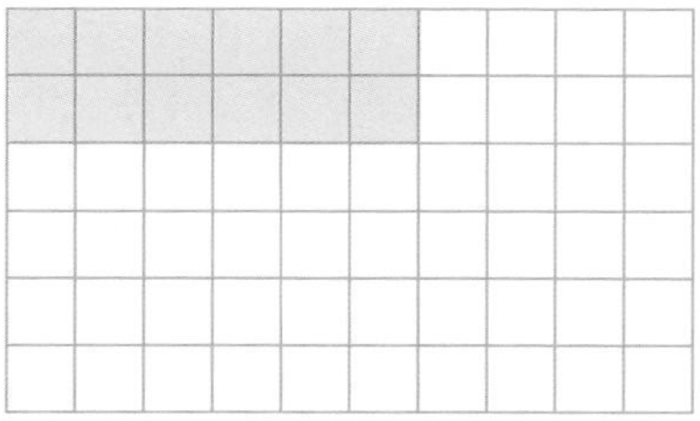
4. 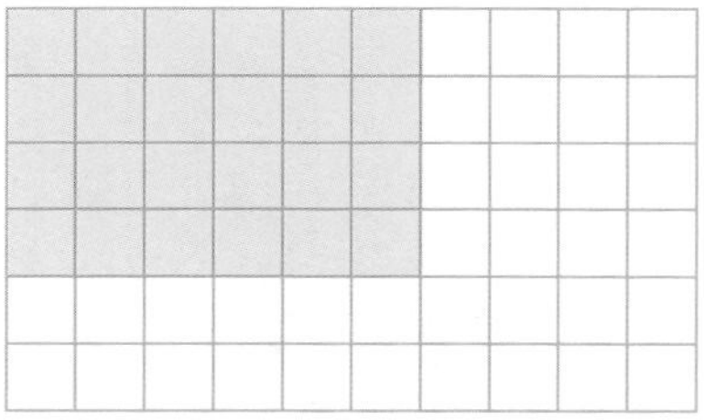

⑤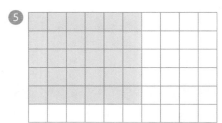

⑥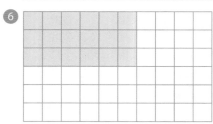

31 7씩 뛰어 세기와 묶어 세기

74쪽

❶ 7, 14
❷ 14, 21
❸ 21, 28, 35, 42, 49
❹ 7, 21, 42, 49, 56, 63

75쪽

❶ 2; 7, 14
❷ 4; 28
❸ 4, 28
❹ 5, 35

32 7단 곱셈식으로 나타내기

76쪽

덧셈식		곱셈식
	7	7×1= 7
	7+7=14	7×2= 14
	7+7+7=21	7×3= 21
7+7+7+7=28		7×4= 28
7+7+7+7+7=35		7×5= 35
7+7+7+7+7+7=42		7×6= 42
7+7+7+7+7+7+7=49		7×7= 49
7+7+7+7+7+7+7+7=56		7×8= 56
7+7+7+7+7+7+7+7+7=63		7×9= 63

77쪽

몇씩 몇 묶음	몇 배	곱셈식
7씩 1묶음	7의 1 배	7×1= 7
7씩 2묶음	7의 2 배	7×2= 14
7씩 3묶음	7의 3 배	7×3= 21
7씩 4묶음	7의 4 배	7×4= 28
7씩 5묶음	7의 5 배	7×5= 35
7씩 6묶음	7의 6 배	7×6= 42
7씩 7묶음	7의 7 배	7×7= 49
7씩 8묶음	7의 8 배	7×8= 56
7씩 9묶음	7 의 9 배	7×9= 63

33 7단 읽고 쓰기

78쪽

7씩 늘어나는 나뭇잎의 수	읽고 쓰기
7	$7 \times 1 = \boxed{7}$ 칠 일은 칠
7 + 7	$7 \times 2 = \boxed{14}$ 칠 이 십사
7 + 7 + 7	$7 \times 3 = \boxed{21}$ 칠 삼 이십일
7 + 7 + 7 + 7	$7 \times 4 = \boxed{28}$ 칠 사 이십팔
7 + 7 + 7 + 7 + 7	$7 \times 5 = \boxed{35}$ 칠 오 삼십오
7 + 7 + 7 + 7 + 7 + 7	$7 \times 6 = \boxed{42}$ 칠 육 사십이
7 + 7 + 7 + 7 + 7 + 7 + 7	$7 \times 7 = \boxed{49}$ 칠 칠 사십구
7 + 7 + 7 + 7 + 7 + 7 + 7 + 7	$7 \times 8 = \boxed{56}$ 칠 팔 오십육
7 + 7 + 7 + 7 + 7 + 7 + 7 + 7 + 7	$7 \times 9 = \boxed{63}$ 칠 구 육십삼

79쪽

1. 7, 1, 7
2. 7, 2, 14
3. $7 \times 3 = 21$
4. $7 \times 4 = 28$
5. $7 \times 5 = 35$
6. $7 \times 6 = 42$
7. $7 \times 7 = 49$
8. $7 \times 8 = 56$
9. $7 \times 9 = 63$

34 7단 연습하기

80쪽

1. 7
2. 14
3. 21
4. 28
5. 35
6. 42
7. 49
8. 56
9. 63
10. 21
11. 56
12. 28
13. 49
14. 7
15. 14
16. 42
17. 35
18. 63

81쪽

1. 42
2. 21
3. 14
4. 56
5. 63
6. 49
7. 28
8. 7
9. 35
10. 63
11. 56
12. 49
13. 42
14. 35
15. 28
16. 21
17. 14
18. 7

여러 가지로 설명할 수 있습니다.

(1) 7×6은 7씩 여섯 번 뛰어 세면
7, 14, 21, 28, 35, 42에서
$7 \times 6 = 42$입니다.

(2) 7×6은 7씩 여섯 묶음이면
7, 14, 21, 28, 35, 42에서
$7 \times 6 = 42$입니다.

(3) 7×6을 덧셈으로 나타내면
$7 + 7 + 7 + 7 + 7 + 7 = 42$이므로
$7 \times 6 = 42$입니다.

82쪽

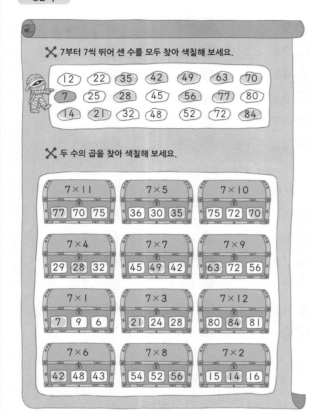

83쪽

❶ 7, 4, 28   ❷ 7, 8, 56

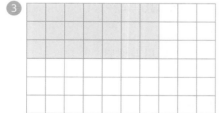

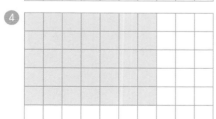

⑤
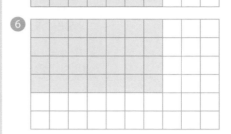

⑥

36 8씩 뛰어 세기와 묶어 세기

84쪽

❶ 8, 16
❷ 16, 24
❸ 24, 32, 40, 48, 56, 64
❹ 8, 16, 32, 56, 64, 72

85쪽

❶ 2; 8, 16
❷ 4; 32
❸ 4, 32
❹ 5, 40

86쪽

덧셈식		곱셈식
(해파리 1마리)	8	$8 \times 1 = \boxed{8}$
(해파리 2마리)	$8+8=16$	$8 \times 2 = \boxed{16}$
(해파리 3마리)	$8+8+8=24$	$8 \times 3 = \boxed{24}$
	$8+8+8+8=32$	$8 \times 4 = \boxed{32}$
	$8+8+8+8+8=40$	$8 \times 5 = \boxed{40}$
	$8+8+8+8+8+8=48$	$8 \times 6 = \boxed{48}$
	$8+8+8+8+8+8+8=56$	$8 \times 7 = \boxed{56}$
	$8+8+8+8+8+8+8+8=64$	$8 \times 8 = \boxed{64}$
	$8+8+8+8+8+8+8+8+8=72$	$8 \times 9 = \boxed{72}$

87쪽

몇씩 몇 묶음	몇 배	곱셈식
8씩 1묶음	8의 $\boxed{1}$ 배	$8 \times 1 = \boxed{8}$
8씩 2묶음	8의 $\boxed{2}$ 배	$8 \times 2 = \boxed{16}$
8씩 3묶음	8의 $\boxed{3}$ 배	$8 \times 3 = \boxed{24}$
8씩 4묶음	8의 $\boxed{4}$ 배	$8 \times 4 = \boxed{32}$
8씩 5묶음	8의 $\boxed{5}$ 배	$8 \times 5 = \boxed{40}$
8씩 6묶음	8의 $\boxed{6}$ 배	$8 \times 6 = \boxed{48}$
8씩 7묶음	8의 $\boxed{7}$ 배	$8 \times 7 = \boxed{56}$
8씩 8묶음	8의 $\boxed{8}$ 배	$8 \times 8 = \boxed{64}$
8씩 9묶음	$\boxed{8}$ 의 $\boxed{9}$ 배	$8 \times 9 = \boxed{72}$

88쪽

8씩 늘어나는 문어 다리의 수	읽고 쓰기
8	$8 \times 1 = \boxed{8}$ 팔 일은 팔
$8+8$	$8 \times 2 = \boxed{16}$ 팔 이 십육
$8+8+8$	$8 \times 3 = \boxed{24}$ 팔 삼 이십사
$8+8+8+8$	$8 \times 4 = \boxed{32}$ 팔 사 삼십이
$8+8+8+8+8$	$8 \times 5 = \boxed{40}$ 팔 오 사십
$8+8+8+8+8+8$	$8 \times 6 = \boxed{48}$ 팔 육 사십팔
$8+8+8+8+8+8+8$	$8 \times 7 = \boxed{56}$ 팔 칠 오십육
$8+8+8+8+8+8+8+8$	$8 \times 8 = \boxed{64}$ 팔 팔 육십사
$8+8+8+8+8+8+8+8+8$	$8 \times 9 = \boxed{72}$ 팔 구 칠십이

89쪽

❶ 8, 1, 8
❷ 8, 2, 16
❸ $8 \times 3 = 24$
❹ $8 \times 4 = 32$
❺ $8 \times 5 = 40$
❻ $8 \times 6 = 48$
❼ $8 \times 7 = 56$
❽ $8 \times 8 = 64$
❾ $8 \times 9 = 72$

90쪽

❶ 8 　　❷ 16 　　❸ 24
❹ 32 　　❺ 40 　　❻ 48
❼ 56 　　❽ 64 　　❾ 72
❿ 24 　　⓫ 56 　　⓬ 32
⓭ 16 　　⓮ 8 　　⓯ 48
⓰ 72 　　⓱ 40 　　⓲ 64

91쪽

❶ 64 　　❷ 16 　　❸ 24
❹ 72 　　❺ 48 　　❻ 8
❼ 40 　　❽ 56 　　❾ 32
❿ 72 　　⓫ 64 　　⓬ 56
⓭ 48 　　⓮ 40 　　⓯ 32
⓰ 24 　　⓱ 16 　　⓲ 8

여러 가지로 설명할 수 있습니다.

(1) 8×9는 8씩 아홉 번 뛰어 세면 8, 16, 24, 32, 40, 48, 56, 64, 72에서 8×9=72입니다.

(2) 8×9는 8씩 아홉 묶음이면 8, 16, 24, 32, 40, 48, 56, 64, 72에서 8×9=72입니다.

(3) 8×9를 덧셈으로 나타내면 8+8+8+8+8+8+8+8+8=72이므로 8×9=72입니다.

92쪽

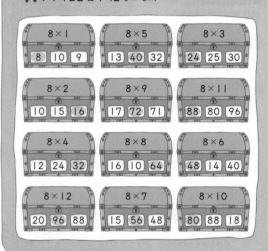

93쪽

❶ 8, 5, 40 　　❷ 8, 9, 72

❸
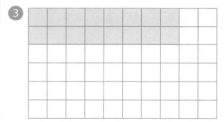

❹
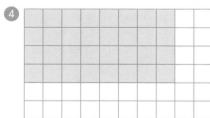

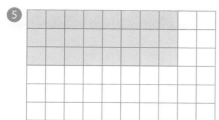

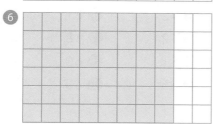

41 9씩 뛰어 세기와 묶어 세기

94쪽

❶ 9, 18

❷ 18, 27

❸ 27, 36, 45, 54, 63

❹ 9, 18, 36, 54, 72, 81

95쪽

❶ 2; 9, 18

❷ 4; 36

❸ 3, 27

❹ 5, 45

42 9단 곱셈식으로 나타내기

96쪽

덧셈식		곱셈식
	9	$9 \times 1 = \boxed{9}$
	$9 + 9 = 18$	$9 \times 2 = \boxed{18}$
	$9 + 9 + 9 = 27$	$9 \times 3 = \boxed{27}$
$9 + 9 + 9 + 9 = 36$		$9 \times 4 = \boxed{36}$
$9 + 9 + 9 + 9 + 9 = 45$		$9 \times 5 = \boxed{45}$
$9 + 9 + 9 + 9 + 9 + 9 = 54$		$9 \times 6 = \boxed{54}$
$9 + 9 + 9 + 9 + 9 + 9 + 9 = 63$		$9 \times 7 = \boxed{63}$
$9 + 9 + 9 + 9 + 9 + 9 + 9 + 9 = 72$		$9 \times 8 = \boxed{72}$
$9 + 9 + 9 + 9 + 9 + 9 + 9 + 9 + 9 = 81$		$9 \times 9 = \boxed{81}$

97쪽

몇씩 몇 묶음	몇 배	곱셈식
9씩 1묶음	9의 $\boxed{1}$ 배	$9 \times 1 = \boxed{9}$
9씩 2묶음	9의 $\boxed{2}$ 배	$9 \times 2 = \boxed{18}$
9씩 3묶음	9의 $\boxed{3}$ 배	$9 \times 3 = \boxed{27}$
9씩 4묶음	9의 $\boxed{4}$ 배	$9 \times 4 = \boxed{36}$
9씩 5묶음	9의 $\boxed{5}$ 배	$9 \times 5 = \boxed{45}$
9씩 6묶음	9의 $\boxed{6}$ 배	$9 \times 6 = \boxed{54}$
9씩 7묶음	9의 $\boxed{7}$ 배	$9 \times 7 = \boxed{63}$
9씩 8묶음	9의 $\boxed{8}$ 배	$9 \times 8 = \boxed{72}$
9씩 9묶음	$\boxed{9}$ 의 $\boxed{9}$ 배	$9 \times 9 = \boxed{81}$

98쪽

9씩 늘어나는 엽전의 개수	읽고 쓰기
$9 \times 1 = \boxed{9}$ 구 일은 구
$9 \times 2 = \boxed{18}$ 구 이 십팔
$9 \times 3 = \boxed{27}$ 구 삼 이십칠
$9 \times 4 = \boxed{36}$ 구 사 삼십육
$9 \times 5 = \boxed{45}$ 구 오 사십오
$9 \times 6 = \boxed{54}$ 구 육 오십사
$9 \times 7 = \boxed{63}$ 구 칠 육십삼
$9 \times 8 = \boxed{72}$ 구 팔 칠십이
$9 \times 9 = \boxed{81}$ 구 구 팔십일

99쪽

1. 9, 1, 9
2. 9, 2, 18
3. $9 \times 3 = 27$
4. $9 \times 4 = 36$
5. $9 \times 5 = 45$
6. $9 \times 6 = 54$
7. $9 \times 7 = 63$
8. $9 \times 8 = 72$
9. $9 \times 9 = 81$

100쪽

1. 9
2. 18
3. 27
4. 36
5. 45
6. 54
7. 63
8. 72
9. 81
10. 54
11. 72
12. 18
13. 27
14. 81
15. 63
16. 9
17. 36
18. 45

101쪽

1. 27
2. 18
3. 36
4. 63
5. 81
6. 54
7. 72
8. 45
9. 9
10. 81
11. 72
12. 63
13. 54
14. 45
15. 36
16. 27
17. 18
18. 9

여러 가지로 설명할 수 있습니다.
(1) 9×5는 9씩 다섯 번 뛰어 세면
9, 18, 27, 36, 45에서
$9 \times 5 = 45$입니다.
(2) 9×5는 9씩 다섯 묶음이면
9, 18, 27, 36, 45에서
$9 \times 5 = 45$입니다.
(3) 9×5를 덧셈으로 나타내면
$9 + 9 + 9 + 9 + 9 = 45$이므로
$9 \times 5 = 45$입니다.

102쪽

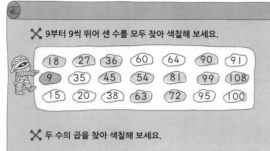

✗ 9부터 9씩 뛰어 센 수를 모두 찾아 색칠해 보세요.

18	27	36	60	64	90	91
9	35	45	54	81	99	108
15	20	38	63	72	95	100

✗ 두 수의 곱을 찾아 색칠해 보세요.

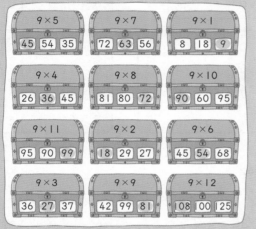

| 9 × 5 | 9 × 7 | 9 × 1 |
| 45 54 35 | 72 63 56 | 8 18 9 |

| 9 × 4 | 9 × 8 | 9 × 10 |
| 26 36 45 | 81 80 72 | 90 60 95 |

| 9 × 11 | 9 × 2 | 9 × 6 |
| 95 90 99 | 18 29 27 | 45 54 68 |

| 9 × 3 | 9 × 9 | 9 × 12 |
| 36 27 37 | 42 99 81 | 108 100 125 |

103쪽

① 9, 4, 36　　② 9, 7, 63

③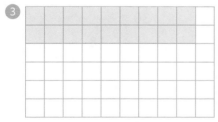

④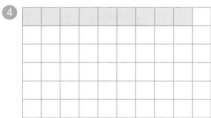

⑤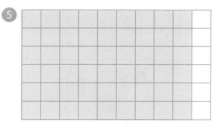

⑥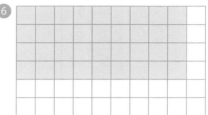

104쪽

① 18　　② 30　　③ 28
④ 49　　⑤ 72　　⑥ 48
⑦ 81　　⑧ 45　　⑨ 27
⑩ 7　　⑪ 64　　⑫ 12
⑬ 54　　⑭ 63　　⑮ 56
⑯ 72　　⑰ 24　　⑱ 42

105쪽

① 18　　② 6　　③ 32
④ 35　　⑤ 16　　⑥ 21
⑦ 54　　⑧ 36　　⑨ 14
⑩ 56　　⑪ 8　　⑫ 42
⑬ 9　　⑭ 24　　⑮ 40
⑯ 63　　⑰ 48　　⑱ 36

106쪽

①

×	1	2	3	4	5	6	7	8	9
6	6	12	18	24	30	36	42	48	54

❷

×	1	2	3	4	5	6	7	8	9
7	7	14	21	28	35	42	49	56	63

❸

×	6
9	54
8	48
7	42
6	36
5	30
4	24
3	18
2	12
1	6

❹

×	7
9	63
8	56
7	49
6	42
5	35
4	28
3	21
2	14
1	7

107쪽

❶

×	1	2	3	4	5	6	7	8	9
8	8	16	24	32	40	48	56	64	72

❷

×	1	2	3	4	5	6	7	8	9
9	9	18	27	36	45	54	63	72	81

❸

×	8
9	72
8	64
7	56
6	48
5	40
4	32
3	24
2	16
1	8

❹

×	9
9	81
8	72
7	63
6	54
5	45
4	36
3	27
2	18
1	9

108쪽

❶

×	3	5
6	18	30
7	21	35

❷

×	7	8
6	42	48
7	49	56

❸

×	2	4
8	16	32
9	18	36

❹

×	6	9
8	48	72
9	54	81

❺

×	2	4	8
6	12	24	48
7	14	28	56
9	18	36	72

❻

×	3	5	7
6	18	30	42
8	24	40	56
9	27	45	63

109쪽

❶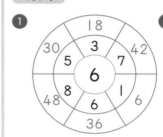

❷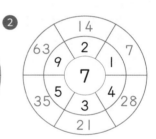

도전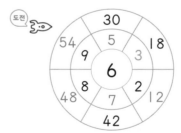

❸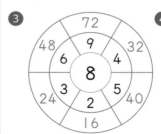

❹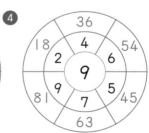

49 6~9단 실전문제 3

110쪽

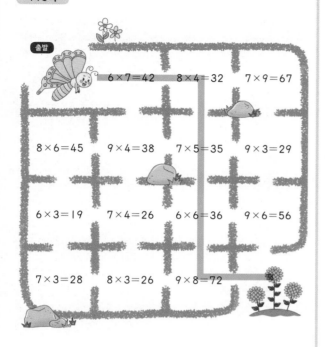

111쪽

6×3=13	7×5=30	6×9=18	8×3=24	9×7=16	7×3=9	8×7=30
7×2=15	9×2=18	6×6=36	9×8=72	7×9=63	6×8=48	9×9=82
6×2=12	8×7=56	7×7=49	6×5=30	8×5=40	7×4=28	6×4=24
9×5=45	6×2=6	8×4=22	7×1=7	8×8=36	6×5=20	9×6=54
8×7=14	7×4=32	9×1=8	6×9=54	9×2=16	7×9=6	8×9=45
9×7=62	6×4=12	7×3=15	8×8=64	6×3=25	8×7=28	9×3=29
7×3=25	8×6=15	6×7=42	9×3=27	7×9=18	9×4=35	8×7=16

50 6~9단 실전문제 4

112쪽

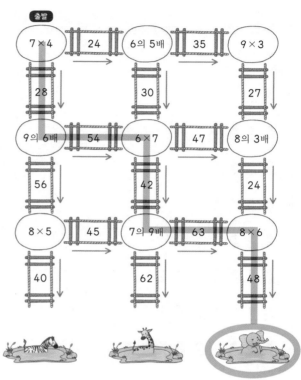

113쪽

❶ 6, 36

❷ 3, 21

❸ 8, 4, 32

189

114쪽

1씩 늘어나는 장미꽃의 수	곱셈식
1	$1 \times 1 = \boxed{1}$
1 + 1	$1 \times 2 = \boxed{2}$
1 + 1 + 1	$1 \times 3 = \boxed{3}$
1 + 1 + 1 + 1	$1 \times 4 = \boxed{4}$
1 + 1 + 1 + 1 + 1	$1 \times 5 = \boxed{5}$
1 + 1 + 1 + 1 + 1 + 1	$1 \times 6 = \boxed{6}$
1 + 1 + 1 + 1 + 1 + 1 + 1	$1 \times 7 = \boxed{7}$
1 + 1 + 1 + 1 + 1 + 1 + 1 + 1	$1 \times 8 = \boxed{8}$
1 + 1 + 1 + 1 + 1 + 1 + 1 + 1 + 1	$1 \times 9 = \boxed{9}$

116쪽

0씩 늘어나는 장미꽃의 수	곱셈식
0	$0 \times 1 = \boxed{0}$
0 + 0	$0 \times 2 = \boxed{0}$
0 + 0 + 0	$0 \times 3 = \boxed{0}$
0 + 0 + 0 + 0	$0 \times 4 = \boxed{0}$
0 + 0 + 0 + 0 + 0	$0 \times 5 = \boxed{0}$
0 + 0 + 0 + 0 + 0 + 0	$0 \times 6 = \boxed{0}$
0 + 0 + 0 + 0 + 0 + 0 + 0	$0 \times 7 = \boxed{0}$
0 + 0 + 0 + 0 + 0 + 0 + 0 + 0	$0 \times 8 = \boxed{0}$
0 + 0 + 0 + 0 + 0 + 0 + 0 + 0 + 0	$0 \times 9 = \boxed{0}$

115쪽

① 2, 3, 4, 5, 6, 7, 8, 9
② 1, 2, 2
③ 1, 3, 3
④ 1, 5, 5
⑤ 1, 7, 7
⑥ 1, 6, 6
⑦ 1, 8, 8
⑧ 1
⑨ 9
⑩ 4

117쪽

① 0, 0, 0, 0, 0, 0, 0, 0
② 0, 4, 0
③ 0, 2, 0
④ 0, 6, 0
⑤ 0, 7, 0
⑥ 0, 3, 0
⑦ 0, 9, 0
⑧ 0
⑨ 0
⑩ 0

53 10단 곱셈식으로 나타내기

118쪽

10씩 늘어나는 포도알의 수	곱셈식
10	$10 \times 1 = \boxed{10}$
10 + 10	$10 \times 2 = \boxed{20}$
10 + 10 + 10	$10 \times 3 = \boxed{30}$
10 + 10 + 10 + 10	$10 \times 4 = \boxed{40}$
10 + 10 + 10 + 10 + 10	$10 \times 5 = \boxed{50}$
10 + 10 + 10 + 10 + 10 + 10	$10 \times 6 = \boxed{60}$
10 + 10 + 10 + 10 + 10 + 10 + 10	$10 \times 7 = \boxed{70}$
10 + 10 + 10 + 10 + 10 + 10 + 10 + 10	$10 \times 8 = \boxed{80}$
10 + 10 + 10 + 10 + 10 + 10 + 10 + 10 + 10	$10 \times 9 = \boxed{90}$

119쪽

① 20, 30, 40, 50, 60, 70, 80, 90
② 10, 2, 20　　③ 10, 4, 40
④ 10, 5, 50　　⑤ 10, 3, 30
⑥ 10, 9, 90　　⑦ 10, 8, 80
⑧ 10　　⑨ 60　　⑩ 70

54 0, 1, 10단 연습하기

120쪽

① 2　　② 0　　③ 30
④ 70　　⑤ 3　　⑥ 6
⑦ 0　　⑧ 10　　⑨ 0
⑩ 1　　⑫ 60　　⑫ 0

⑬ 90　　⑭ 5　　⑮ 40
⑯ 0　　⑰ 8　　⑱ 0

121쪽

① 9　　② 20　　③ 7
④ 0　　⑤ 50　　⑥ 0
⑦ 4　　⑧ 80　　⑨ 0
⑩ 3　　⑪ 0　　⑫ 9
⑬ 0　　⑭ 40　　⑮ 0
⑯ 5　　⑰ 90　　⑱ 50

55 0, 1, 10단 사고력 키우기

122쪽

① 1, 6, 6　　　　② 1, 9, 9
③ 0, 5, 0　　　　④ 0, 4, 0

123쪽

① 10, 3, 30　　② 10, 7, 70
③ 0, 5, 0　　　④ 1, 6, 6

56 0~10단 실전문제 1

124쪽

① 2　　② 0　　③ 9
④ 70　　⑤ 15　　⑥ 36
⑦ 36　　⑧ 9　　⑨ 42
⑩ 4　　⑪ 48　　⑫ 56
⑬ 45　　⑭ 10　　⑮ 12
⑯ 0　　⑰ 8　　⑱ 24

125쪽

① 9　　② 4　　③ 49
④ 30　　⑤ 50　　⑥ 4
⑦ 32　　⑧ 24　　⑨ 0
⑩ 18　　⑪ 54　　⑫ 27

⓭ 10　　⓮ 32　　⓯ 36
⓰ 35　　⓱ 27　　⓲ 10

57 0~10단 실전문제 2

126쪽
❶ 32　　❷ 12　　❸ 7
❹ 15　　❺ 48　　❻ 8
❼ 3　　❽ 0　　❾ 14
❿ 45　　⓫ 36　　⓬ 18
⓭ 20　　⓮ 16　　⓯ 42
⓰ 40　　⓱ 4　　⓲ 24

127쪽
❶ 3　　❷ 64　　❸ 6
❹ 5　　❺ 20　　❻ 63
❼ 30　　❽ 18　　❾ 70
❿ 14　　⓫ 20　　⓬ 6
⓭ 56　　⓮ 24　　⓯ 15
⓰ 45　　⓱ 8　　⓲ 15

58 곱셈표에서 규칙 찾기 1

130쪽
❶ 1　　❷ 4　　❸ 9
❹ 16　　❺ 25　　❻ 36
❼ 49　　❽ 64　　❾ 81

곱셈표의 첫 칸에서 오른쪽 아래로 한 칸씩 내려간 곳에 해당하는 수는 똑같은 수를 두 번 곱한 수입니다.

131쪽
❶ 1　　❷ 4　　❸ 9
❹ 16　　❺ 25　　❻ 36

❼ 49　　❽ 64　　❾ 81

똑같은 수를 두 번 곱한 결과는 가로, 세로의 길이가 똑같은 정사각형 안에 들어 가는 구슬의 개수와 같습니다.

59 곱셈표에서 규칙 찾기 2

132쪽
❶ 3　　　　　　❷ 3
❸ 같습니다에 ○표

133쪽
❶ ㉠ 3, 1, 3　　㉡ 5, 2, 10
　 ㉢ 7, 4, 28　　㉣ 9, 5, 45
❷

×	1	2	3	4	5	6	7	8	9
1			3						
2					10				
3	㉠								
4						28			
5		㉡							45
6									
7				㉢					
8									
9					㉣				

192

60 곱셈표에서 찾은 규칙

134쪽

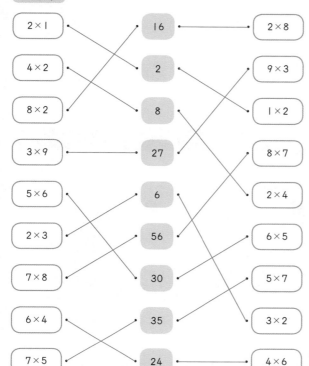

135쪽

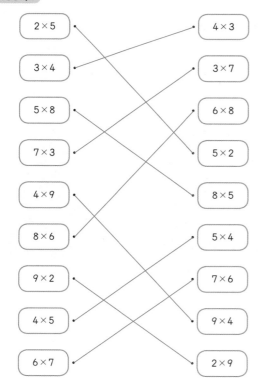

61 거꾸로 구구단 1

136쪽

❶ 1 ❷ 2 ❸ 2
❹ 4 ❺ 5 ❻ 6
❼ 2 ❽ 8 ❾ 9
❿ 1 ⑪ 2 ⑫ 3
⑬ 3 ⑭ 3 ⑮ 6
⑯ 7 ⑰ 8 ⑱ 3

137쪽

❶ 4 ❷ 4 ❸ 3
❹ 4 ❺ 5 ❻ 4
❼ 7 ❽ 4 ❾ 9
❿ 1 ⑪ 5 ⑫ 3
⑬ 5 ⑭ 5 ⑮ 6
⑯ 7 ⑰ 8 ⑱ 5

62 거꾸로 구구단 2

138쪽

❶ 1 ❷ 6 ❸ 3
❹ 4 ❺ 6 ❻ 6
❼ 6 ❽ 6 ❾ 9
❿ 7 ⑪ 2 ⑫ 3
⑬ 7 ⑭ 5 ⑮ 7
⑯ 7 ⑰ 7 ⑱ 9

139쪽

❶ 8 ❷ 8 ❸ 8
❹ 4 ❺ 5 ❻ 8
❼ 7 ❽ 8 ❾ 8
❿ 1 ⑪ 2 ⑫ 9
⑬ 9 ⑭ 5 ⑮ 6
⑯ 9 ⑰ 8 ⑱ 9

63 거꾸로 구구단 3

140쪽

①

3 → ×4 → 12

②

5 → 30
×6
4 → 24

③

3 → 24
6 → ×8 → 48
9 → 72

> 주황색에서 6×□=48인데, 6×8=48이
> 므로 □=8인 것을 알 수 있습니다.
> 그러면 초록색은 □×8=24인데,
> 3×8=24이므로 □=3입니다.
> 파란색은 9×8=□이므로 □=72입니다.

141쪽

①

2	×	3	=	6
×		×		×
5	×	2	=	10
‖		‖		‖
10		6		60

②

4	×	2	=	8
×		×		×
3	×	2	=	6
‖		‖		‖
12		4		48

③

3	×	1	=	3		4	×	10	=	40
		×						×		
2	×	1	=	2		9	×	5	=	45
		‖						‖		
6	×	6	=	36				50		

64 거꾸로 구구단 4

142쪽

①

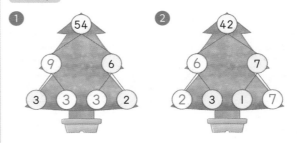

54
9 6
3 3 3 2

②

42
6 7
2 3 1 7

> 맨 위쪽 그림에서 ○×7=42인데,
> 6×7=42이므로 ○=6입니다.
> 아래 왼쪽 그림에서 ○×3=6인데,
> 2×3=6이므로 ○=2입니다.
> 아래 오른쪽 그림에서 1×○=7인데,
> 1×7=7이므로 ○=7입니다.

③

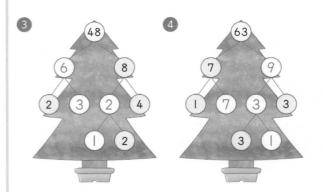

48
6 8
2 3 2 4
1 2

④

63
7 9
1 7 3 3
3 1

143쪽

1

×	2	6	8
2	4	12	16
4	8	24	32
5	10	30	40

2

×	3	7	9
3	9	21	27
5	15	35	45
6	18	42	54

3

×	4	5	7
2	8	10	14
6	24	30	42
9	36	45	63

4

×	5	6	8
3	15	18	24
7	35	42	56
8	40	48	64

위쪽 첫 칸에서 $2×\square=8$인데,
$2×4=8$이므로 $\square=4$입니다.
위쪽 마지막 칸에서 $2×\square=14$인데,
$2×7=14$이므로 $\square=7$입니다.
왼쪽 가운데 칸에서 $\square×5=30$인데,
$6×5=30$이므로 $\square=6$입니다.

5

×	2	4	7
2	4	8	14
5	10	20	35
8	16	32	56

6

×	2	5	6
3	6	15	18
7	14	35	42
9	18	45	54

65 거꾸로 구구단 5

144쪽

1

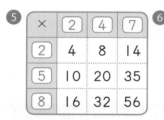

12
2 2 2 2 2 2
4 4 4

$2×6=12$
$4×3=12$

2

18
3 3 3 3 3 3
9   9

$3×6=18$
$9×2=18$

3

24
4 4 4 4 4 4
8 8 8

$4×6=24$
$8×3=24$

145쪽

1   16

$2×8=16$
$4×4=16$
$8×2=16$

2   36

$4×9=36$
$6×6=36$
$9×4=36$

3   12

$2×6=12$
$3×4=12$
$4×3=12$
$6×2=12$

4   24

$3×8=24$
$4×6=24$
$6×4=24$
$8×3=24$

66 거꾸로 구구단 6

146쪽

1   4 ($3×2=6$) 4

2   4 ($6×3=1$ 8)

3   2 ($4×5=2$ 0) ($2×5=1$ 0) 7

4

5 ($3×3=9$) 1

4	2	5	4	8
×	3	9	8	5
2	($5×6=3$	0)		
=				
8				
9	3	7	1	4

⑤

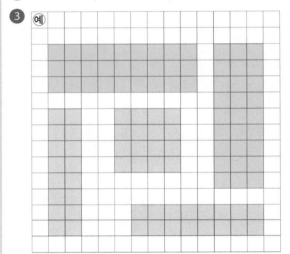

$9 \times 7 = 6$		3	6
3	5 4 9		× 4 = 2
× 7	4 7 8		
= 2	6 3 4		4
1	5 2 9		3

147쪽

❶

❷

❸

❹

⚡ 처음 두 칸을 먼저 생각해 보겠습니다.
곱이 42가 되는 두 수는 6, 3, 9, 7 중 6과 7뿐입니다.
그런데 두 수의 곱은 순서를 바꾸어 곱해도 그 결과가 같으므로 $6 \times 7 = 42$와 $7 \times 6 = 42$ 두 가지를 생각할 수 있습니다.
그 다음 두 수의 곱으로 54를 만들어야 하는데, 7단 곱셈구구에는 54가 나오지 않고 6단 곱셈구구에는 54가 나오므로 54에 연결된 두 번째 칸에 6이 들어가야 합니다. 그러므로 첫 칸에는 7, 두 번째 칸에는 6이 들어가야 합니다.
세 번째 칸에는 $6 \times \square = 54$가 되어야 하므로 $\square = 9$이고, 이제 마지막 칸에 남은 3을 넣으면 $9 \times 3 = 27$로 딱 맞아떨어집니다.
그러므로 네 칸에 들어갈 수는 차례로 7, 6, 9, 3입니다.

67 여러 가지 구구단-칸의 수 세기

148쪽

㉠ $3 \times 5 = 15$

㉡ $7 \times 2 = 14$, $2 \times 7 = 14$

㉢ $4 \times 6 = 24$, $6 \times 4 = 24$

㉣ $9 \times 8 = 72$, $8 \times 9 = 72$

149쪽

❶ $3 \times 9 = 27$, $9 \times 3 = 27$

❷ $2 \times 8 = 16$, $4 \times 4 = 16$, $8 \times 2 = 16$

❸ 예

68 여러 가지 구구단-점의 수 세기

150쪽

❶ $3 \times 4 = 12$

❷ $5 \times 2 = 10$, $2 \times 5 = 10$

❸ $3 \times 6 = 18$, $6 \times 3 = 18$

❹ $4 \times 5 = 20$, $5 \times 4 = 20$

151쪽

❶ 6

❷ 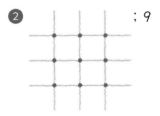 ; 9

3 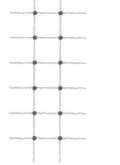 ; 12

4 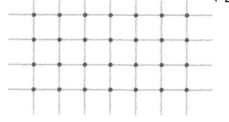 ; 28

5  ; 24

6  ; 18

7 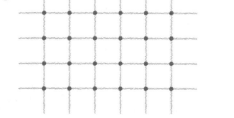 ; 24

152쪽

❶ 2, 5, 10
❷ 3, 7, 21
❸ 5, 9, 45

153쪽

❶ 6, 7, 42
❷ 7, 6, 42
❸ 9, 7, 63

70 여러 가지 구구단-크기 비교

154쪽

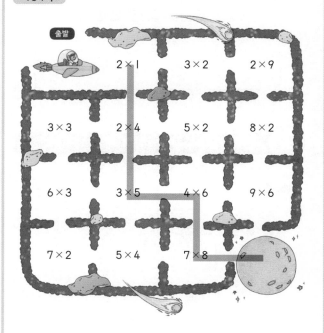

155쪽

이
$4 \times 6 = \boxed{24}$

라
$9 \times 8 = \boxed{72}$

너
$6 \times 9 = \boxed{54}$

탑
$5 \times 4 = \boxed{20}$

든
$3 \times 4 = \boxed{12}$

지
$8 \times 7 = \boxed{56}$

공
$2 \times 1 = \boxed{2}$

무
$7 \times 5 = \boxed{35}$

공든 탑이 무너지랴

71 여러 가지 구구단-뛰어 세기

156쪽

❶

❷
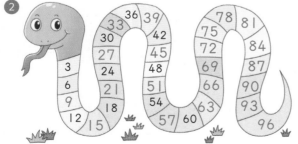

157쪽

❶

❷

72 여러 가지 구구단-슈타이너 곱셈법 1

158쪽

×	1	2	3	4	5	6	7	8	9	10
2	2	4	6	8	10	12	14	16	18	20

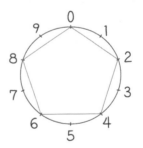

×	1	2	3	4	5	6	7	8	9	10
3	3	6	9	12	15	18	21	24	27	30

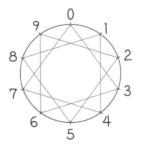

159쪽

×	1	2	3	4	5	6	7	8	9	10
4	4	8	12	16	20	24	28	32	36	40

×	1	2	3	4	5	6	7	8	9	10
5	5	10	15	20	25	30	35	40	45	50

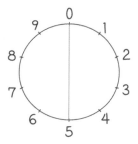

73 여러 가지 구구단-슈타이너 곱셈법 2

160쪽

×	1	2	3	4	5	6	7	8	9	10
6	6	12	18	24	30	36	42	48	54	60

×	1	2	3	4	5	6	7	8	9	10
7	7	14	21	28	35	42	49	56	63	70

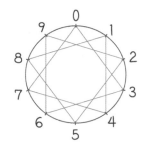

161쪽

×	1	2	3	4	5	6	7	8	9	10
8	8	16	24	32	40	48	56	64	72	80

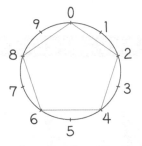

×	1	2	3	4	5	6	7	8	9	10
9	9	18	27	36	45	54	63	72	81	90

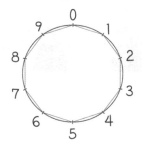

8개의 그림은 다양하지만 같은 모양으로 나타나는 것도 있습니다.

2단과 8단은 오각형 모양으로 같습니다.

3단과 7단은 10개의 뿔을 가진 별 모양으로 같습니다.

4단과 6단은 오각형 별 모양으로 같습니다.

5단은 일자 모양인데 다른 단과 같은 것은 없습니다.

9단은 십각형 모양인데 다른 단과 같은 것은 없습니다.

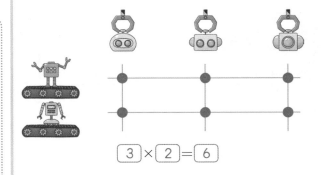

$$3 \times 2 = 6$$

74 여러 가지 구구단-방법의 수 세기

162쪽

$$3 \times 2 = 6$$

163쪽

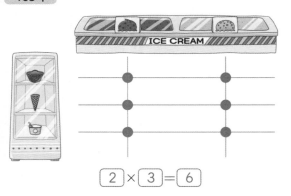

$$2 \times 3 = 6$$